U0643052

电气自动化技能型人才实训系列

单片机C语言与PROTUES

仿真技能实训

刘 娟 梁卫文 程莉 廖银萍 编著

中国电力出版社
CHINA ELECTRIC POWER PRESS

内 容 提 要

本书涵盖了六个项目，以 MCS-51 单片机开发应用为主线，介绍了单片机 C 语言的知识以及在项目中模块化的编程方法，单片机内部资源的应用及常用控制芯片的应用和 C 语言程序设计方法，项目设计的实施方案和实施过程，同时在项目实施的过程中还介绍了 KEIL 和 PROTUES 的使用。

本书是一体化的教材，内容结构新颖，且具有创新精神。教材中以项目驱动教学。项目设置比较严谨，项目中用到的知识由易到难，项目中包含的任务由简单到复杂，做到由浅入深，循序渐进。

本书可作为全日制的大专、高职高技院校电子、电气、自动化等工科师生的教学教材。同时也可供社会培训作为培训教材，本科学生及工作技术人员作为参考书使用。

图书在版编目(CIP)数据

单片机 C 语言与 PROTUES 仿真技能实训/刘娟等
编著 . —北京：中国电力出版社，2010.8（2016.7 重印）
（电气自动化技能型人才实训系列）
ISBN 978-7-5123-0550-2

Ⅰ.①单… Ⅱ.①刘… Ⅲ.①单片微型计算机-C
语言-程序设计②单片微型计算机-系统仿真-应用软
件，PROTEUS Ⅳ.①TP368.1

中国版本图书馆 CIP 数据核字(2010)第 115626 号

中国电力出版社出版、发行
（北京市东城区北京站西街 19 号 100005 http://www.cepp.sgcc.com.cn）
北京市同江印刷厂印刷
各地新华书店经售

*

2010 年 8 月第一版 2016 年 7 月北京第五次印刷
787 毫米×1092 毫米 16 开本 11.75 印张 315 千字
印数 5308—6307 册 定价 24.00 元

前　言

　　《电气自动化技能型人才实训系列》为电气类高技能人才的培训教材，以培养学生实际综合动手能力为核心，采取以工作任务为载体的项目教学方式，淡化理论、强化应用方法和技能的培养。

　　目前在软件开发语言的使用上，C语言作为软件开发最经常被使用的地位也是毋庸置疑的，它所占的比例高达70%多，位居第一。

　　作为单片机开发应用及嵌入式系统开发应用的专业人才，需具备下列能力：熟悉单片机C语言，精通C语言应用开发，有良好的编程习惯和风格，有软件系统分析和设计能力，能独立完成项目系统方案。因此，为了适应社会对高级技能人才的需求，实现对高技能人才的培养目标，特编写本书。

　　本书是由项目构成的，全书共包括六个项目：

　　项目一涵盖了单片机C语言的基本语法、赋值语句、条件判断语句等知识的应用，使用单片机的输入/输出口。

　　项目二涵盖了单片机C语言的循环语句、函数等知识的应用，使用了单片口的I/O接口的扩展，如串并转换控制器74LS164的使用及C程序的设计。

　　项目三涵盖了单片机C语言的数值数组等知识的应用，同时用到了单片机的定时/计数器、中断的功能。

　　项目四是对单片机C语言的基本语句及单片机基本资源使用的巩固与提高。

　　项目五进一步巩固了单片机C语言的知识，用到了单片机的串行口通信的功能，行列式键盘与单片机接口及键盘C程序的设计。

　　项目六涵盖了单片机C语言的字符数组、指针等知识的应用，同时使用了单片机的接口技术，温度传感器ds18b02和字符液晶显示器的应用及C程序的设计。

　　本书是一体化训练的教材，以项目驱动教学。项目设置比较严谨，项目中用到的知识由易到难，项目中包含的任务由简单到复杂，做到由浅入深，循序渐进。教材内容结构新颖、创新。教材中每个项目的开始都是先让学生自己进行仿真操作，充分理解项目设计的目标和要求，思考如何进行设计，需要什么知识作支持。教材注重工作过程的设置，学生完成各任务的过程就是项目设计的过程，每个项目完成的过程就是单片机应用开发的过程。每个项目中使用了PROTUES 仿真软件对设计的软硬件进行仿真，一方面帮助学生更好地理解理论知识，直观设计的项目，同时能及时修改设计中软硬件中的错误，缩短设计时间，减少硬件资源的浪费，节省教学实训设备经费。

　　由于本人水平有限，加上编写时间仓促，书中难免出现一些不妥和错误之处，恳请读者批评指正。

编者
2010 年 5 月

目 录

项目一 汽车灯控制的设计与仿真

一、项目设计目标

1. 预期目标

在 PROTUES 软件环境下实现汽车的左转、右转、前进、后退方向灯的控制的仿真。

2. 促成目标

（1）在 KEIL uVision2 C51 环境下建立单片机 C 源程序及创建 HEX 文件，认识单片机 C 程序的结构，单片机 C 语言的基本语法及赋值语句、条件语句的使用方法，知道使用 KEIL uVision2 C51 编辑、编译调试 C 程序的方法和单片机 C 程序对单片机端口控制的方法。

（2）通过在 PROTUES 软件环境下仿真汽车转向灯控制的过程，熟知使用 PROTUES 设计仿真电路图的方法，汽车转向灯的控制的程序设计及在单片机中安装 HEX 程序的方法。

二、项目设计任务

（1）会使用 KEIL，并在 KEIL uVision2 C51 环境下建立、编辑并保存单片机源 C 程序。

（2）能用 C 程序对单片机端口上控制的灯进行控制。

（3）能调试并运行程序。

（4）会创建 HEX 文件。

（5）会使用 PROTUES 设计电路图。

（6）能将 HEX 文件装入单片机，并进行仿真。

三、项目设计方案

1. 仿真电路设计方案

（1）发光二极管是常用的输出指示器件，通常用于系统的运行状态及数据信息。如图 1-1 所

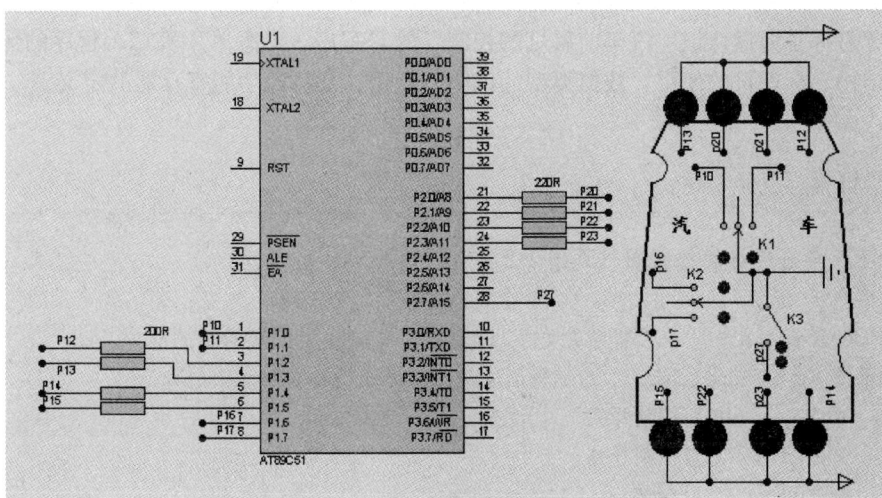

图 1-1　汽车灯的控制

示，汽车上前、后、左、右的灯分别用红色的发光二极管仿真，汽车灯控制开关用三位转向开关仿真。

（2）用 P1 口的 P1.0 位接汽车前左转向灯的控制开关、P1.1 位接汽车前右转向灯的控制开关、P1.6 位接汽车前灯的控制开关、P1.7 位接汽车后灯的控制开关、P2.7 位接汽车倒车灯的控制开关。即，K1 控制左右转向灯，K2 控制前后灯，K3 控制倒车灯。

（3）P1 口的 P1.3、P1.5 位接汽车的前、后左转向灯，P1.2、P1.4 位接汽车的前、后右转向灯，P2.0、P2.1 位接汽车的前灯，P2.2、P2.3 位接汽车的后灯。

2. 程序设计方案

（1）当 P1.0 为"0"时，左转向灯亮并闪烁。

（2）当 P1.1 为"0"时，右转向灯亮并闪烁。

（3）当 P1.6 为"0"时，前灯亮。

（4）当 P1.7 为"0"时，后灯亮。

（5）当 P2.7 为"0"时，后退灯亮并闪烁。

四、项目实施过程

（1）在 PROTUES 环境下打开光盘中的"项目一"文件夹中的"P1.DSN"文件，进入如图1-1所示的界面。

（2）单击界面左下方播放器的"Play"按钮，然后分别拨动开关 K1、K2 和 K3，仔细观察电路图及运行结果，记录所看到的运行过程。

（3）如何才能实现汽车灯的控制呢？

要实现汽车转向灯的控制，只需要根据电路图编制 C 程序，控制单片机与发光二极管的连接端口（这里是 P1、P2 口）上各位的高低电平及亮、灭的时间即可。

下面我们就一步步实现吧。

任务1 认识单片机C程序

任务目标

本任务目标是通过认识"汽车前后灯的控制"的 C 程序，熟悉单片机 C51 程序的建立、C 程序的组成结构、标识符的使用，数据类型的说明、使用，及特殊功能寄存器的定义。

任务实施

1. 看懂汽车前后灯的控制图（见图1-2）

2. 程序

```
#include<reg51.h>        //C程序头文件，调用MCS-51特殊功能寄存器的定义
#define uchar unsigned char    //编辑预处理，用uchar代替unsigned char
sbit CF = P1^6;    //前灯控制开关
sbit CB = P1^7;    //后灯控制开关
sbit DF1 = P2^0;    //前指示灯
sbit DF2 = P2^1;    //前指示灯
```

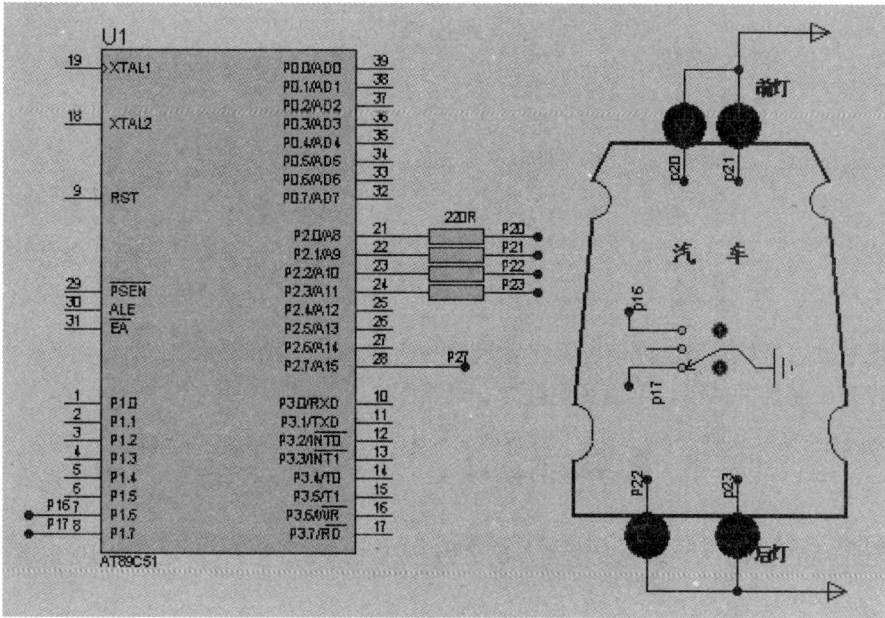

图 1-2　汽车前后灯的控制

```
sbit DB1 = P2^2;        //后指示灯
sbit DB2 = P2^3;        //后指示灯


void main()
{
    uchar x;
    x = 0xff;
    P2 = x;             //用 oxff 初始化 P2
    while(1)
    {
      if(CF = = 0&& CB! = 0)   //开关拨向控制前灯亮
      {
        DF1 = 0;
        DF2 = 0;               //前两灯亮,后两灯灭
        DB1 = 1;
        DB2 = 1;
      }
      else if( CB = = 0&& CF! = 0)    //开关拨向控制后灯亮
      {
        DB1 = 0;
        DB2 = 0;               //后两灯亮,前两灯灭
        DF1 = 1;
        DF2 = 1;
```

```
        }
      else            //开关拨向中间
      {
        DF1 = 1;
        DF2 = 1;        //前、后灯都不亮
        DB1 = 1;
        DB2 = 1;
      }
    }
  }
```

这个程序虽然简单，但也许读者看完后还是一头雾水，不知所以然。没有关系，初次见面，先对C程序有个感性的认识，下面我们就结合电路图来分析一下程序。

(1)   sbit CF = P1^6;   //前灯控制开关
        sbit CB = P1^7;   //后灯控制开关
        ......

语句是进行位定义。CF是位变量名，定义为P1口的P1.6位；CB定义为P1口的P1.7位。

(2)   main()
        { ......
        }

为主函数，C程序都是由函数组成，在一个程序中至少有一个主函数，程序从它开始执行。

(3) if(CF = = 0&& CB! = 0)

是条件判断语句，判断如果CF为低电平并且CB为高电平，则前灯亮，后灯不亮。

(4) 程序中的x=0xff; P2=x; DB1=0; DF1=1;

语句都是赋值语句：其中x=0xff; P1=x; 表示将十六进数（0x表示十六进制）赋给变量x，x再将其值赋给P1，这时P1的8位P1.0～P1.7都为"1"即为高电平。

注：在C程序中用"0"表示低电平，用"1"表示高电平。

3. 在KEIL51下建立一个C程序

使用C语言肯定要使用到C编译器，以便把写好的C语言源程序编译为机器代码，这样单片机才能执行编写好的程序。KEIL uVision2是众多单片机应用开发软件中优秀的软件之一，它支持众多不同公司的MCS51架构的芯片，它集编辑、编译、仿真等于一体，同时还支持PLM、汇编和C语言的程序设计，它的界面非常友好，易学易用。

KEIL uVision2安装的方法和普通软件相当，这里就不做介绍了。

下面就让我们一起来建立一个C程序项目吧。

(1) 建立工程。

1) 启动KEIL51进入编辑程序环境。如图1-3所示。

2) 建立一个C工程。点击Project菜单，选择弹出的下拉式菜单中的New Project，如图1-4所示。

3) 保存工程名。如图1-5所示，在"文件名"中输入C程序项目名称，这里我们用"P1S1"（只要符合Windows文件规则的文件名都行），点击"保存"，"保存"后的文件扩展名为"uv2"，这是KEIL uVision2项目文件扩展名。

4) 选择CPU。点击"Atmel"，这里我们选择Atmel公司的CPU，也可选择其他的。如图1-6所示。

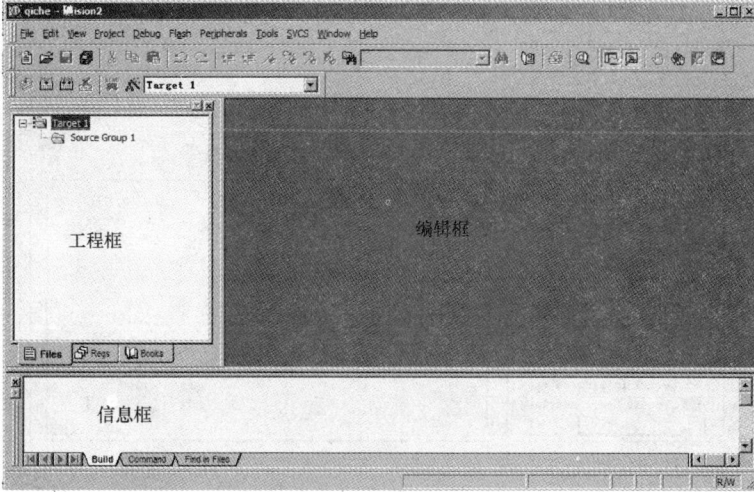

图 1-3 KEIL51 界面

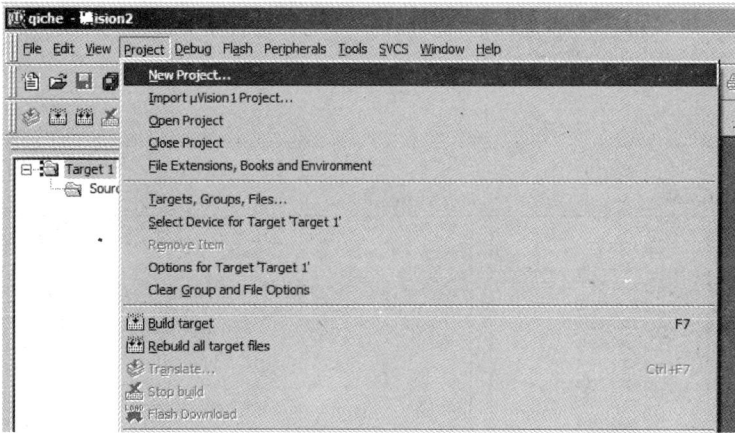

图 1-4 New Project 菜单

图 1-5 保存对话框

任务
1

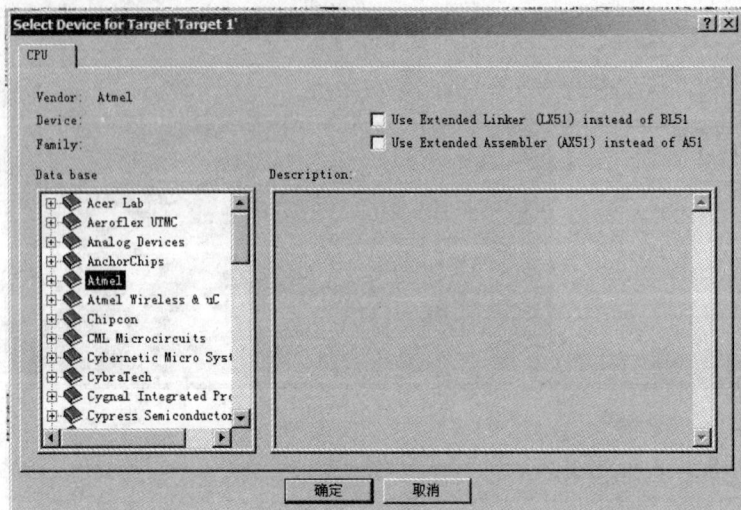

图 1-6　选择 CPU

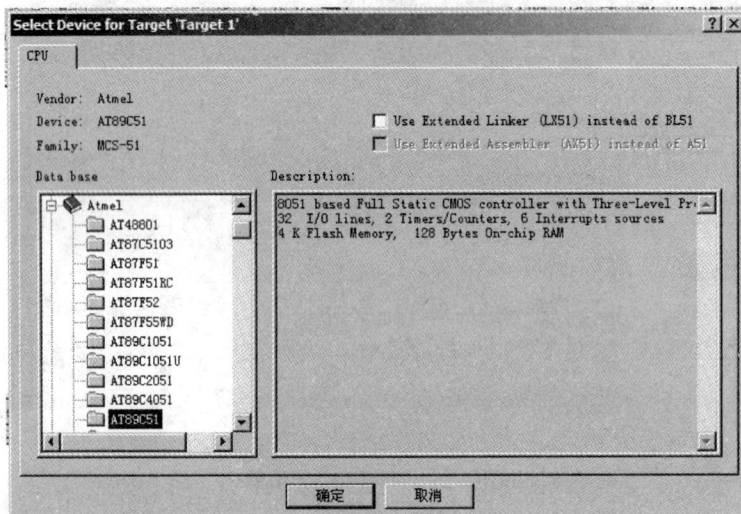

图 1-7　选择 CPU 芯片

5）选择 CPU 芯片。点击"AT89C51"，我们选择 AT89C51CPU，如图 1-7 所示。再点击"确定"。这时弹出图 1-8 所示的对话框，点击"否"。到此，C 工程建立完毕。下面就要编辑 C 程序了。

6）选择 CPU。点击"Atmel"，这里我们选择 Atmel 公司的 CPU，也可选择其他的。如图 1-6 所示。

7）选择 CPU 芯片。点击"AT89C51"，我们选择 AT89C51CPU，如图 1-7 所示。再点击"确定"。这时弹出图 1-8 所示的对话框，点击"否"。到此，C 工程建立完毕。下面就要编辑 C 程序了。

（2）建立 C 程序。

1）建立 C 程序。点击"File"的"New"，如图 1-9 所示。

2）保存 C 文件。在"文件名"中输入"CTL_FB.c"，这里我们用"CTL_FB"为 C 程序

图 1-8　工程文件添加选择

图 1-9　建立 C 程序

图 1-10　保存 C 程序

的文件名。文件扩展名为".c"，输入时一定要不要忘了，否则无法添加 C 程序到项目工程中，如图 1-10 所示。

　　3）在工程中添加 C 程序。在工程区中右击"Source Group 1"，再点击"Add Files to 'Source Group 1'"项，如图 1-11 所示。这时弹出如图 1-12 所示的对话框，选中"CTL _ FB.c"文件，点击"Add"，再点击关闭按钮"Close"，这样就完成了 C 程序的添加。

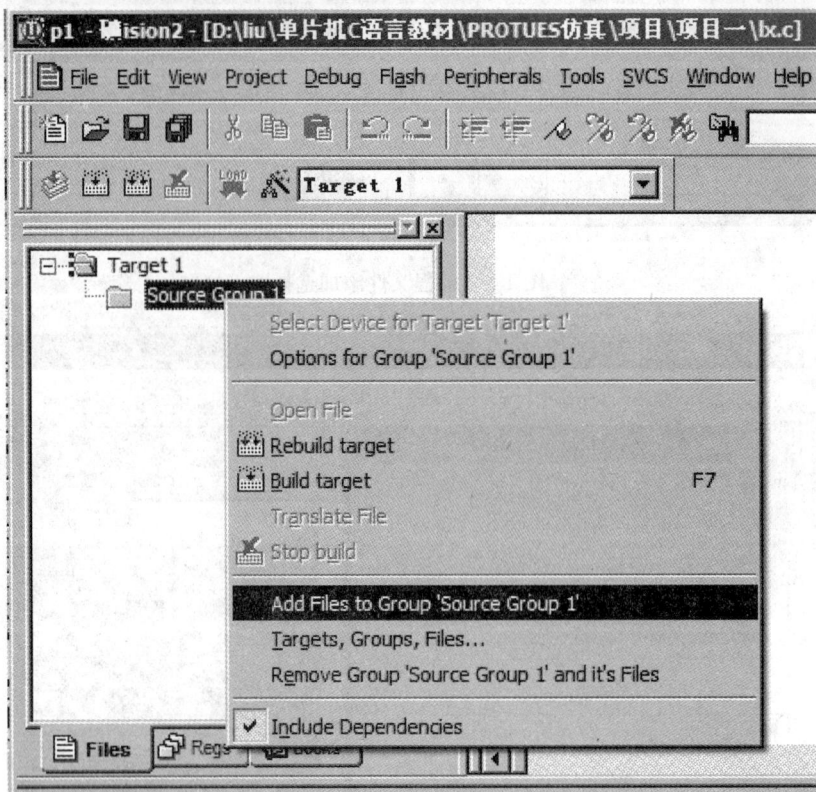

图 1-11　添加 C 程序到工程

图 1-12　选择添加 C 程序到工程

4）编辑 C 程序。在编辑区中输入程序，如图 1-13 所示。程序编辑完成后，我们就要进行调试并建立可执行文件了。

（3）建立可执行文件"HEX"文件。

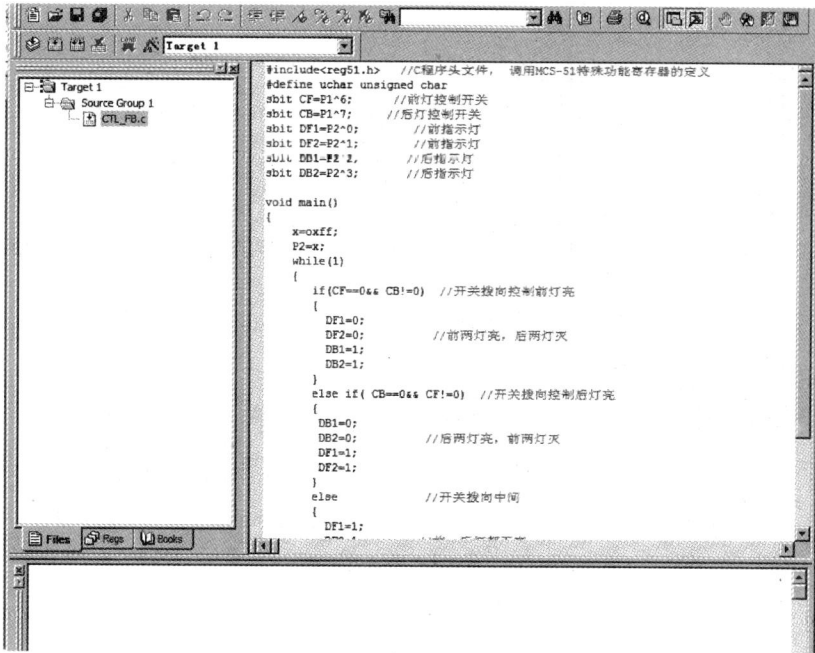

图 1-13 编辑 C 程序

1) 右击 "Target 1", 弹出 "Options for Target 'Target 1'" 对话框, 选择 "Output" 选项卡, 在 "Name of Executable" 输入可执行文件名, 默认名同工程名, 如我们前面建立的工程名为 P1S1, 将 "Create Executable" 中的 "Create HEX file" 选中 (打√), 如图 1-14 所示。点击 "确定"。这时将要建立的可执行文件就存在和工程同一文件夹中 (也可点击 "Select Folder for Objects" 选择保存位置)。

2) 编译、调试程序。点击 "Build target", 进行调试程序, 如果没有错误, 信息框中将出现下面的提示。

到此, 我们已完成了程序的设计, 下面就要进行仿真操作了。

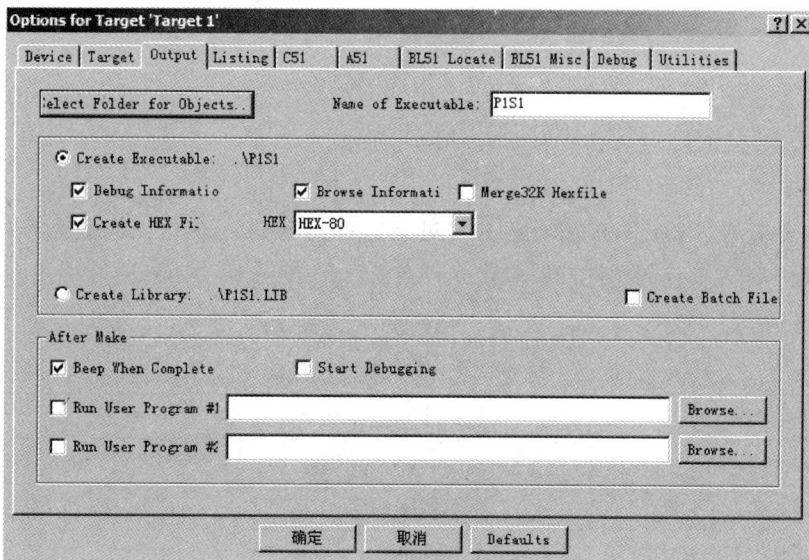

图 1-14 建立 HEX 文件

图 1-15　信息提示

任务 2　使用 PROTUES 设计电路图并仿真

任务目标

（1）熟悉在 PROTUES 下设计仿真电路图的基本方法，学会在 PROTUES 下设计图 1-2 所示的电路图。

（2）将任务 1 建立的 HEX 文件装入仿真电路的 CPU 中，并进行仿真。

任务实施

1. 设计仿真电路图

（1）启动 PROTUES，进入仿真界面如图 1-16 所示。

（2）根据表 1-1，在 PROTUES 元件中选择元件：

点击工具栏中的 " ⇨ " 按钮，点击 "对象选择器窗口" 中的 "对象选择按钮 P"，在 "Keywords" 框中输入要选的元件，如输入元件名称 "LED"，在 "Results" 中找到元件，然后点击 "OK"，如图 1-17 所示。

表 1-1　　　　　　　　　　　　　　　　元　件　表

元 件 名 称	所 属 类	所 属 子 类
AT89C51（单片机）	Microprocessor ICs	8051Family
LED-RED（发光二极管—红色）	Optoelectronics	LEDS
MINRES220R（电阻 220Ω）	Resistors	All Sub
SW-SPDT	Switches&Relays	Switches

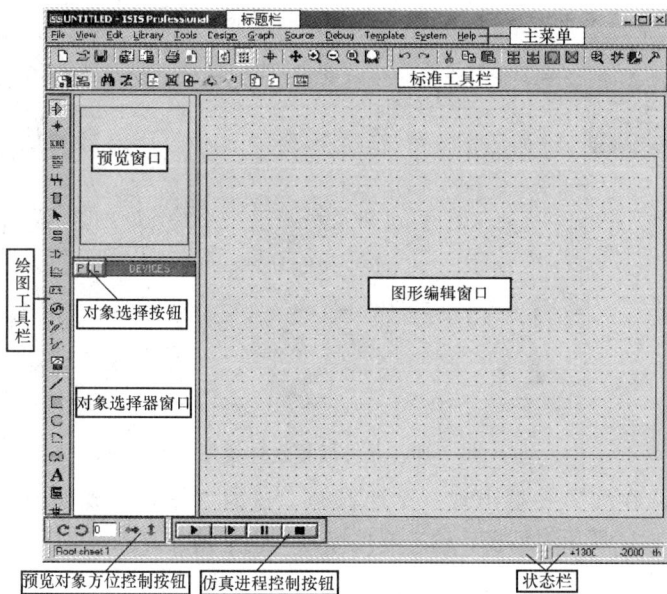

图 1-16　PROTUES 界面

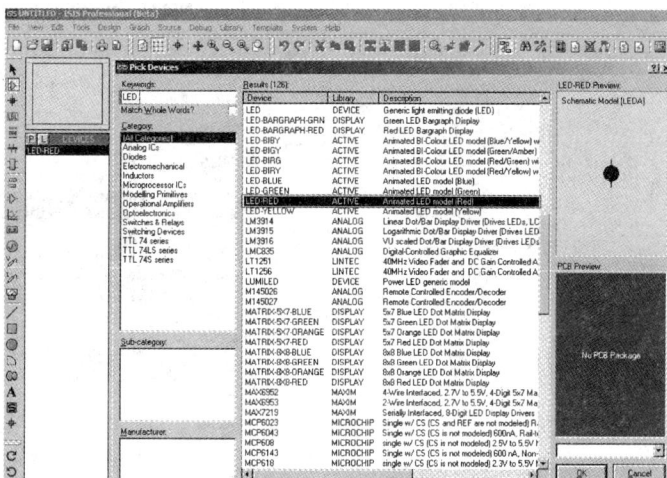

图 1-17　选择元件

（3）用如图 1-18 所示的画图工具的画直线及画弧工具画出汽车图形，用"A"工具在图中添加文字。

图 1-18　画图工具

（4）拿出电源和地的接头：点击工具栏中的" "按钮，选择对象选择器窗口中的"POWER"和"GROUND"并拖入编辑窗口中。

（5）按图 1-2 连线：单击工具栏中的" "按钮，这时设计处于连接线状态，选中"对象选择窗口"中的元件，在"编辑窗口"中点击一下，将元件放入图形编辑窗口，并布局好各元件的位置，如图 1-19 所示。可选中元件然后用工具栏中的" "或" "按钮调整元件方向。元件位置放好后，在元件的一个角上点击，这时出现一个小方框，点击并拖住不放，移到另一个元件的一个角上，当看到出现一个小方框时点击鼠标即可将这个元件连接起来。

元件之间除直接连接外，还可以用标号将它们连接起来。在元件的一个端点，按住鼠标拖动

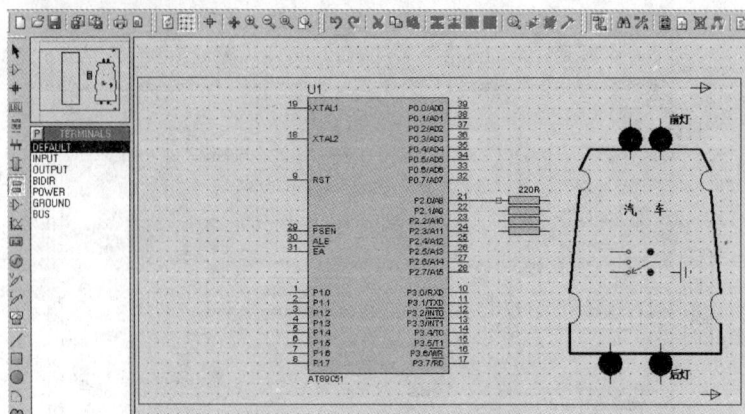

图 1-19　元件放置及连线图

出一条线然后双击，在线另一端出现一个小圆点，这时右击，出现如图 1-20 所示菜单，选"LBL"项，出现图 1-21 所示对话框，输入连接标号，这里输入"P20"。

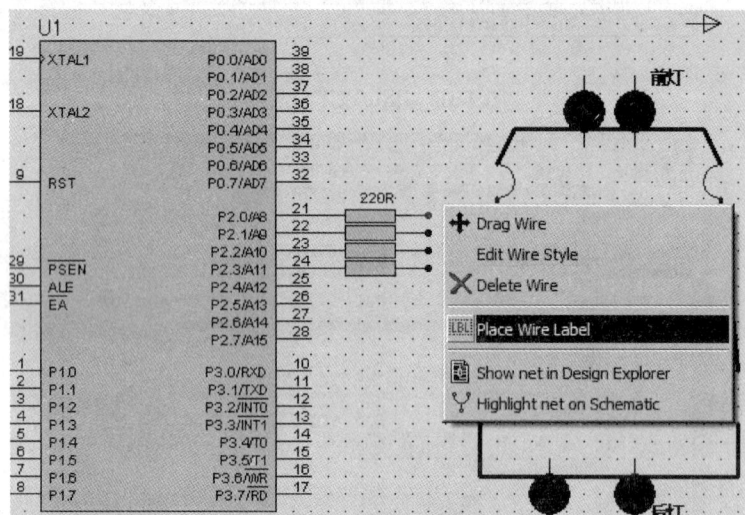

图 1-20　连接线标号项

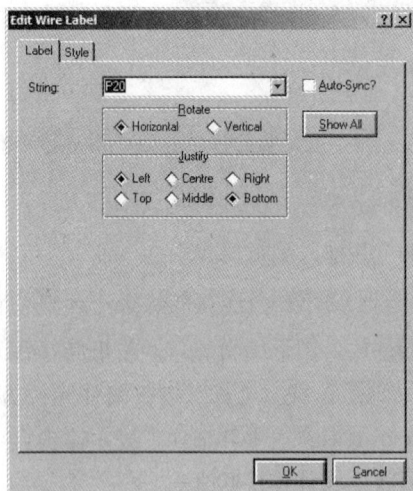

图 1-21　编辑连接线标号

然后点击"OK"。

（6）所有元件都连接好后，单击"文件"中的"保存"，将电路图保存名为"汽车前后灯控制"的文件。

2. 将"P1. HEX"文件装入 AT89C51CPU

（1）在设计好的电路图上点击 AT89C51，弹出如图 1-22 所示的对话框。

（2）点击"Program Files"框中的打开"□"按钮，进入如图 1-23 所示的对话框。

（3）选择 P1S1. HEX 文件，然后点击打开按钮，进入图 1-24 所示对话框。

（4）点击图 1-24 中的"OK"，到此就将可执行文件"P1S1. HEX"装入 CPU 中。

12

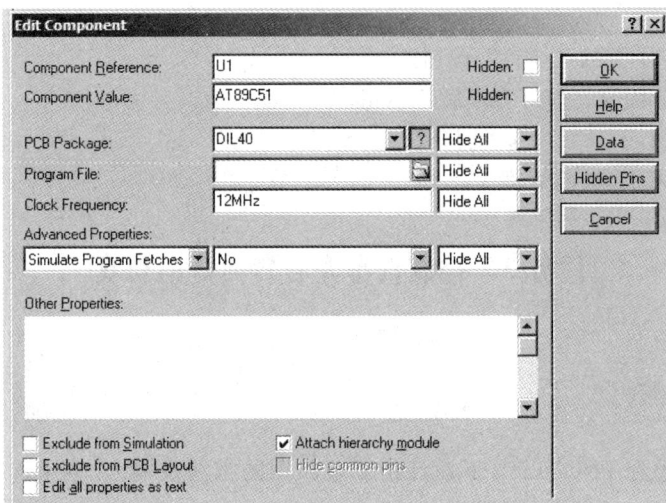

图 1-22 编辑组件

图 1-23 选择文件名

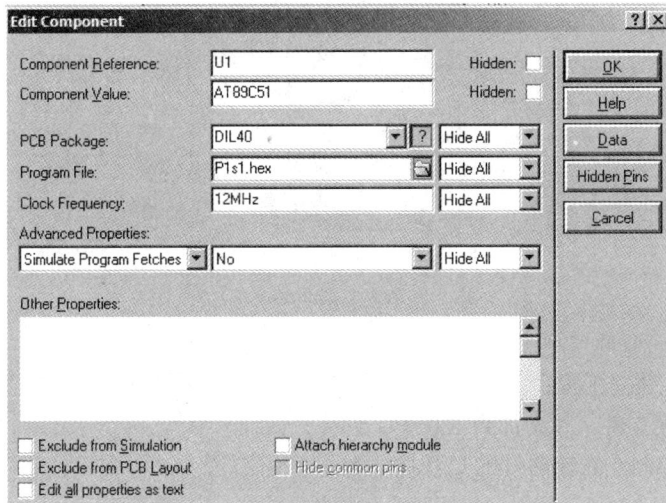

图 1-24 装入文件

3. 仿真操作

（1）单击界面左下方的"运行"按钮。

（2）将开关打到 P1.6，前灯亮，后灯不亮。

（3）将开关到 P1.7，后灯亮，前灯灭。

（4）将开关到中间，前后灯都灭。

任务3 控制汽车左右转向灯的仿真

任务目标

（1）进一步熟悉在 PROTUES 下设计仿真电路图的方法及输入/输出连接端的使用，会在 PROTUES 下设计图 1-25 所示的电路图。

（2）进一步掌握在 KEIL 环境下建立 C 程序的方法。

（3）熟悉单片机 C 的运算符和表达式、赋值语句、条件语句的使用方法。

任务实施

1. 设计仿真电路图

（1）启动 PROTUES，进入仿真界面。

（2）根据表 1-1，在 PROTUES 元件中选择元件。

（3）设计图 1-25 所示的电路图。

（4）保存文件名为"汽车左右转向灯控制"的仿真电路图文件。

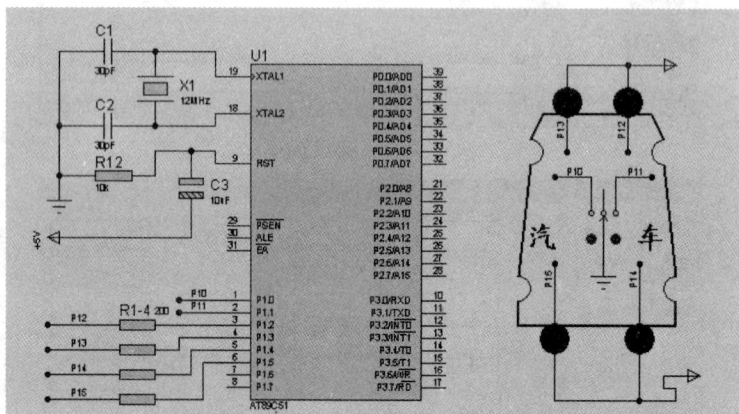

图 1-25 汽车左右转向灯控制仿真图

2. 控制左右转向灯的程序设计

（1）在 KEIL 下建立工程。

（2）创建 C 程序文件，并添加到工程中。

（3）编辑实现控制左右转向灯的 C 程序。

```
#include<reg51.h>
#define uchar unsigned char
```

```
sbit LC = P1^0;        //左转向开关
sbit RC = P1^1;        //右转向开关
sbit LeftDF = P1^3;    //左转向前指示灯
sbit LeftDB = P1^5;    //左转向后指示灯
sbit RigthDF = P1^2;   //右转向前指示灯
sbit RigthDB = P1^4;   //右转向后指示灯
void delay(uchar x);   //延时函数的函数原形说明
/* * * * * * * * * * * * * * * 主函数 * * * * * * * * * * * * * * * * * * * * * */
void main()
{
    P1 = 0xff;
    while(1)
    {
    if(LC = = 0&&RC! = 0)   //判断是否向左转,如果是,则左转向灯亮
    {
      RigthDF = 1;
      RigthDB = 1;
      LeftDF = 0;
      LeftDB = 0;
      delay(200);   //调用延时函数,左转向灯亮的时间
      LeftDF = 1;
      LeftDB = 1;
      delay(100);   //左转向灯灭的时间,从而达到闪烁
    }
    else if(RC = = 0&&LC! = 0)   //判断是否向右转,如果是,则右转向灯亮
    {
      LeftDF = 1;
      LeftDB = 1;
      RigthDF = 0;
      RigthDB = 0;
      delay(200);   //调用延时函数,右转向灯亮的时间
      RigthDF = 1;
      RigthDB = 1;
      delay(100);   //右转向灯灭的时间,从而达到闪烁
    }
    else            //不转,所有灯都不亮
    {
      LeftDF = 1;
      LeftDB = 1;
      RigthDF = 1;
      RigthDB = 1;
    }
    }
}
```

任务 3

```
/ * * * * * * * * * * * * * * * 延时函数 * * * * * * * * * * * * * * * * * * * * * /
void delay(uchar x)
{uchar k;
 while(x - -)
 for(k = 0;k<255;k + +);
}
```

（4）编译调试程序，根据信息框的信息进行修改程序。

（5）如果没有错，建立可执行文件夹 HEX 文件。

3. 仿真操作

（1）装入 HEX 文件，单击界面左下方的"运行"按钮。

（2）将开关打到 P1.0 端，前后左转向灯闪烁，右转向灯灯不亮。

（3）将开关到 P1.1 端，前后右转向灯闪烁，左转向灯灯不亮。

（4）将开关到中间，前后灯都灭。

任务4 控制汽车所有灯的仿真

任务目标

（1）完成项目的总目标：实现汽车的左转灯、右转灯、前灯、后灯及倒车灯的控制的仿真。

（2）进一步熟悉单片机C赋值语句、条件语句的使用及单片机C程序的设计方法。

任务实施

1. 设计仿真电路图

设计如图 1-1 所示仿真电路图元件表如表 1-2 所示。

表 1-2 元 件 表

元 件 名 称	所 属 类	所 属 子 类
AT89C51（单片机）	Microprocessor ICs	8051Family
LED-RED（发光二极管—红色）	Optoelectronics	LEDS
MINRES220R（电阻 220Ω）	Resistors	All Sub
SW-SPDT	Switches&Relays	Switches
SW-SPST	Switches&Relays	Switches

2. 设计程序

设计实现汽车的左转灯、右转灯、前灯、后灯及倒车灯的控制的C程序。

```
// P1.c
#include<reg51.h>
#define uchar unsigned char
sbit LC = P1^0;        //左转向开关
sbit RC = P1^1;        //右转向开关
```

```
sbit LeftDF = P1^3;        //左转向前指示灯
sbit LeftDB = P1^5;        //左转向后指示灯
sbit RigthDF = P1^2;       //右转向前指示灯
sbit RigthDB = P1^4;       //右转向后指示灯
sbit CF = P1^6;            //前灯控制开关
sbit CB = P1^7;            //后灯控制开关
sbit DF1 = P2^0;           //前指示灯
sbit DF2 = P2^1;           //前指示灯
sbit DB1 = P2^2;           //后指示灯
sbit DB2 = P2^3;           //后指示灯
sbit CB2 = P2^7;           //倒车控制开关
void delay(uchar x);   //延时函数原形说明
/* * * * * * * * * * * *主函数* * * * * * * * * * * * * * * */
void main()
{
  P1 = 0xff;
P2 = 0xff;
  while(1)
  {
    if(CF = = 0&& CB! = 0) //开关拨向控制前灯亮
    {
      DF1 = 0;
      DF2 = 0;        //前两灯亮,后两灯灭
      DB1 = 1;
      DB2 = 1;
      if(LC = = 0&&RC! = 0)
      {
        RigthDF = 1;
      RigthDB = 1;
      LeftDF = 0;
      LeftDB = 0;delay(200);
      LeftDF = 1;
      LeftDB = 1;delay(100);
      }
      else if(RC = = 0&&LC! = 0)
      {
      LeftDF = 1;
      LeftDB = 1;
      RigthDF = 0;
      RigthDB = 0;delay(200);
      RigthDF = 1;
      RigthDB = 1;delay(100);
      }
      else
```

```
{
LeftDF = 1;
LeftDB = 1;
RigthDF = 1;
RigthDB = 1;delay(100);
}
}
else if( CB = = 0&& CF! = 0)        //开关拨向控制后灯亮
{
DB1 = 0;
DB2 = 0;        //后两灯亮,前两灯灭
DF1 = 1;
DF2 = 1;
if(CB2 = = 0)        //判断是否倒车
{
    DF1 = 1;
    DF2 = 1;
    DB1 = 0;
    DB2 = 0; delay(200); //后两灯亮,前两灯灭
    DB1 = 1;
    DB2 = 1; delay(100); //后两灯灭,前两灯灭
}
if(LC = = 0&&RC! = 0)
    {
        RigthDF = 1;
    RigthDB = 1;
    LeftDF = 0;
    LeftDB = 0;delay(200);
    LeftDF = 1;
    LeftDB = 1;delay(100);
    }
    else if(RC = = 0&&LC! = 0)
    {
    LeftDF = 1;
    LeftDB = 1;
    RigthDF = 0;
    RigthDB = 0;delay(200);
    RigthDF = 1;
    RigthDB = 1;delay(100);
    }
    else
    {
    LeftDF = 1;
    LeftDB = 1;
```

```
        RigthDF = 1;
        RigthDB = 1;delay(100);
        }
}
else        //开关拨向中间
{
    DF1 = 1;
    DF2 = 1;        //前、后灯都不亮
    DB1 = 1;
    DB2 = 1;
if(CB2 = = 0)        //判断是否倒车
{
    DF1 = 1;
    DF2 = 1;
    DB1 = 0;
    DB2 = 0; delay(200);        //后两灯亮,前两灯灭
    DB1 = 1;
    DB2 = 1; delay(100);        //后两灯灭,前两灯灭
}
if(LC = = 0&&RC! = 0)
    {
    RigthDF = 1;
    RigthDB = 1;
    LeftDF = 0;
    LeftDB = 0;delay(200);
    LeftDF = 1;
    LeftDB = 1;delay(100);
    }
    else if(RC = = 0&&LC! = 0)
    {
    LeftDF = 1;
    LeftDB = 1;
    RigthDF = 0;
    RigthDB = 0;delay(200);
    RigthDF = 1;
    RigthDB = 1;delay(100);
    }
    else
    {
    LeftDF = 1;
    LeftDB = 1;
    RigthDF = 1;
    RigthDB = 1;delay(100);
    }
```

```
      }
    }
}
/ * * * * * * * * * * * * 延时函数 * * * * * * * * * * * * * * * * /
void delay(uchar x)
{uchar k;
while(x - -)
for(k = 0;k<255;k + +);
}
```

3. 仿真操作

(1) 装入 HEX 文件，单击界面左下方的"运行"按钮。

(2) 将开关 K2 拨到 P1.6 端，前灯亮，同时将 K1 拨到 P1.0 端，前后左转向灯闪烁，右转向灯不亮；将开关 K1 拨到 P1.1 端，前后右转向灯闪烁，左转向灯不亮，这时 K3 不起作用。

(3) 将开关 K2 拨到 P1.7 端，后灯亮，同时将 K3 拨到 P2.7 后灯闪烁，这时如果将 K1 拨到 P1.0 端，前后左转向灯闪烁，右转向灯不亮；将开关 K1 拨到 P1.1 端，前后右转向灯闪烁，左转向灯不亮。

(4) 将开关 K2 拨到中间，前后灯都灭，同时将 K3 拨到 P2.7 后灯闪烁，这时如果将 K1 拨到 P1.0 端，前后左转向灯闪烁，右转向灯不亮；将开关 K1 拨到 P1.1 端，前后右转向灯闪烁，左转向灯不亮。

相关知识1 C语言的基本知识

一、单片机C语言源程序结构

从上面程序可见，单片机C语言源程序是由函数构成的，一个C语言源程序必须包含一个 main () 主函数，也可以包含一个主函数和若干个其他函数。主函数可以放在程序的任何位置，但程序是从主函数的第一条语句开始执行的。上面的程序包含两个函数，一个是 main () 主函数，另一个是 delay (unsigned int a) 自定义函数。

1. 函数的组成

(1) 函数是一个独立的程序块，相互不能嵌套。main 函数以外的其他任何函数只能由 main 函数或其他函数调用，自己不能单独运行。

(2) 一个函数由两部分组成：函数头部和函数体，函数用一对花括号括起来。

如：

void main()   函数头部

{

…… }   函数体

}

(3) 函数头部包括函数返回值的类型、函数名和参数表（函数头部的末尾不能加分号），如 main 和 delay 函数的返回值的类型都为 void 型的。

(4) 函数体包括说明部分和语句部分。

又如：

```
void delay(unsigned int a)
{   unsigned char k;    说明部分
    while(a－－)
    {
    for(k = 0;k<255;k＋＋);        语句部分
    }
}
```

void delay (unsigned int a) 是函数头，花括号"｛｝"里边的内容是函数体。

2. 函数的分类

C 函数分为库函数和用户自定义函数。

（1）用户定义函数是由程序员在自己的源程序中编写的函数，例如程序中的 delay 函数。

（2）单片机 C 的库函数是由 C 编译程序提供的一些通用函数，又称为 C 标准函数，十分丰富，除了提供标准 C 的库函数如 scanf 和 printf 等，还提供了单片机的一些特殊功能的库函数，如循环右移 _ cror _ ()、循环左移 _ crol _ () 等。

（3）用户程序需要使用标准函数或其他外部文件时，只需在使用前用"＃include"包含标准函数所需的系统头文件或外部文件。

例如：_ crol _ 函数的头文件为"intrins. h"，然后按规定的格式调用所需标准函数。

3. 书写格式

C 语言本身对书写格式要求很宽松，所以，它的书写格式非常自由。但是，由于 C 语言语句比较简洁精炼，易读性较差，这就要求在书写格式上按照一定规格，增加其易读性。C 语言的书写格式，读者可以从后面的程序中逐渐学会，在这里仅做一般性介绍。

（1）所有语句、函数的最后一个语句都必须以分号";"结尾。

（2）1 行内可写几条语句，1 条语句也可以分写在几行上。如果某条语句很长，一般将其分写在几行上。

（3）在 C 语言程序中运用缩格写法，可增加易读性。有时由于缩格运用得不好，反而将程序理解错了，缩格写法需在实践中学习。如上面程序中函数体的书写。

（4）一般 C 语言程序使用小写字母来书写程序，特别是函数名必须使用小写字母来表示，C 语言程序中的大写字母一般表示常量。

（5）C 语言中花括号"｛｝"用的比较多，复合语句都要用花括号括起来。一般情况下，左右花括号各占一行，并且需上下对齐，这样便于检查花括号的成对性。

4. 注释

C 语言的注释格式为：/ * …… * /

用"/ *"和"* /"括起来的文字，都是注释。例如：程序中的"/ *实现 8 只发光二极管亮、灭的主函数 * /"。

注意：

（1）"/ *"和"* /"必须成对使用，且"/"和"*"，以及"*"和"/"之间不能有空格。

（2）如果对一行注释可以用"//"符号放在注释字符的前面，例如：程序中的"//主函数"。

二、基本语法单位

C 语言的基本语法单位分为六类：标识符、关键字、常量、字符串、运算符及分隔符。编译程序使用的字符集是 ASCII 字符集。

1. 标识符

（1）标识符的含义。标识符是指程序中的符号常量、变量、数据类型和函数的名字。例如程序中的变量名 x，函数名 delay 都是标识符，主函数名 main 和标准函数的名字（例如 scanf，_ crol _）也是标识符。

（2）标识符的组成规则：

1）标识符由字母（A～Z，a～z）和数字（0～9）组成，必须以字母或下划线开头，后可跟若干个字母或数字。

2）字母要区分大小写，例如 X 和 x，Ab 和 ab 标识符等都是不同的标识符。习惯上变量名和函数名用小写，常量名和用 typedef 定义的数据类型名用大写。另外，为便于阅读和记忆，应选用能够表达含义的英文单词、英文单词的一部分或缩写作为标识符。

3）下划线"_"被作为一个字母看待。

（3）标识符的有效长度。一般 C 语言规定标识符的有效长度为前 31 个字符。实际应用中为便于记忆和书写，在能够区别于其他标识符及能够表达一定含义的前提下，标识符应尽可能简短一些。

2. 关键字

关键字由固定的小写字母组成，是由系统预先定义好的名字，用于表示 C 语言的语句、数据类型、存储类型或运算符。用户不能用他们来作为自己定义的常量、变量、数据类型或函数的名字。关键字又称为保留字，即被系统保留作为专门用途的名字，如 if、while 等。

3. 分隔符

分隔符是一类字符，包括空格、制表符、换行符、换页符及注释符。分隔符统称为空白字符，空白字符在语法上起分隔单词的作用。当两个单词之间如果不用分隔符就不能将两者区分开时，则必须加分隔符。

三、数据类型

数据类型就是描述将要存放到变量中的数据的种类。一个程序包括：①在程序中指定数据的类型及其组织方式，即数据结构。②要完成任务的操作步骤，也称为"算法"。数据是操作的对象，而数据又是以某种特定的形式存在的（如数值型、字符型的），不同的数据类型对应的变量在存储上所需的内存空间大小也不相同。如果要为指定的数据分配内存空间，必须声明变量的数据类型。操作系统分配的内存空间大小取决于将要存储到这个变量中的数据类型。KEIL uVision2 C51 编译器所支持的数据类型，在标准 C 语言中基本的数据类型为 char，int，short，long，float 和 double，而在 C51 编译器中 int 和 short 相同，float 和 double 相同，这里就不列出说明了。下面来看看它们的具体定义：

表 1-3　　　　　　　　　　　KEIL uVision2 C51 编译器所支持的数据类型

数据类型	长　度	值　域
unsigned char	单字节	0～255
signed char	单字节	−128～+127
unsigned int	双字节	0～65 535
signed int	双字节	−32 768～+32 767
unsigned long	四字节	0～4 294 967 295
signed long	四字节	−2 147 483 648～+2 147 483 647

续表

数据类型	长　度	值　域
float	四字节	$\pm 1.175\,494\text{E}-38\sim\pm 3.402\,823\text{E}+38$
*	1~3 字节	对象的地址
bit	位	0 或 1
sfr	单字节	0~255
sfr16	双字节	0~65 535
sbit	位	0 或 1

1. char 字符类型

char 类型的长度是一个字节，通常用于定义处理字符数据的变量或常量。分无符号字符类型 unsigned char 和有符号字符类型 signed char，默认值为 signed char 类型。unsigned char 类型用字节中所有的位来表示数值，所可以表达的数值范围是 0~255。signed char 类型用字节中最高位字节表示数据的符号，"0"表示正数，"1"表示负数，负数用补码表示。所能表示的数值范围是 $-128\sim+127$。unsigned char 常用于处理 ASCII 字符或用于处理小于或等于 255 的整型数。

正数的补码与原码相同，负二进制数的补码等于它的绝对值按位取反后加 1。

2. int 整型

int 整型长度为两个字节，用于存放一个双字节数据。分有符号 int 整型数 signed int 和无符号整型数 unsigned int，默认值为 signed int 类型。signed int 表示的数值范围是 $-32\,768\sim+32\,767$，字节中最高位表示数据的符号，"0"表示正数，"1"表示负数。unsigned int 表示的数值范围是 0~65 535。

3. long 长整型

long 长整型长度为四个字节，用于存放一个四字节数据。分有符号 long 长整型 signed long 和无符号长整型 unsigned long，默认值为 signed long 类型。signed int 表示的数值范围是 $-2\,147\,483\,648\sim+2\,147\,483\,647$，字节中最高位表示数据的符号，"0"表示正数，"1"表示负数。unsigned long 表示的数值范围是 0~4 294 967 295。

4. float 浮点型

float 浮点型在十进制中具有 7 位有效数字，是符合 IEEE—754 标准的单精度浮点型数据，占用四个字节。因浮点数的结构较复杂，在以后的章节中再做详细的讨论。

5. * 指针型

指针型本身就是一个变量，在这个变量中存放的指向另一个数据的地址。这个指针变量要占据一定的内存单元，对不同的处理器长度也不尽相同，在 C51 中它的长度一般为 1~3 个字节。指针变量也具有类型，这里不详细说了。

6. bit 位标量

bit 位标量是 C51 编译器的一种扩充数据类型，利用它可定义一个位标量，但不能定义位指针，也不能定义位数组。它的值是一个二进制位，不是 0 就是 1，类似一些高级语言中的 Boolean 类型中的 True 和 False。

7. sfr 特殊功能寄存器

sfr 也是一种扩充数据类型，点用一个内存单元，值域为 0~255。利用它可以访问 51 单片机内部的所有特殊功能寄存器。如用 sfr P1＝0x90 这一句定 P1 为 P1 端口在片内的寄存器，在后面的语句中我们用以 P1＝255（对 P1 端口的所有引脚置高电平）之类的语句来操作特殊功能寄存器。

8. sfr16 16 位特殊功能寄存器

sfr16 占用两个内存单元，值域为 0～65 535。sfr16 和 sfr 一样用于操作特殊功能寄存器，所不同的是它用于操作占两个字节的寄存器，好定时器 T0 和 T1。

9. sbit 可寻址位

sbit 同位是 C51 中的一种扩充数据类型，利用它可以访问芯片内部的 RAM 中的可寻址位或特殊功能寄存器中的可寻址位。如先前我们定义了。

sfr P1 = 0x90；//因 P1 端口的寄存器是可位寻址的，所以可以定义。

sbit P1 _ 1 = P1^1；//P1 _ 1 为 P1 中的 P1.1 引脚。

同样可以用 P1.1 的地址去写，如 sbit P1 _ 1 = 0x91；

这样在以后的程序语句中就可以用 P1 _ 1 来对 P1.1 引脚进行读写操作了。通常这些可以直接使用系统提供的预处理文件，里面已定义好各特殊功能寄存器的简单名字，直接引用可以省去一点时间。

四、常量

上面我们学习了 KEIL C51 编译器所支持的数据类型。而这些数据类型又是怎么用在常量和变量的定义中的呢？又有什么要注意的吗？下面就来了解一下。

常量是在程序运行过程中不能改变值的量；而变量是可以在程序运行过程中不断变化的量。变量的定义可以使用所有 C51 编译器支持的数据类型，而常量的数据类型只有整型、浮点型、字符型、字符串型和位标量。

（一）常量的数据类型说明

（1）整型常量可以表示为十进制，如：123，0，－89 等。十六进制则以 0x 开头，如：0x34，－0x3B 等。长整型就在数字后面加字母 L，如 104L，034L，0xf340 等。

（2）浮点型常量可分为十进制和指数表示形式。十进制由数字和小数点组成，如 0.888，3345.345，0.0 等，整数或小数部分为 0，可以省略但必须有小数点。指数表示形式为［±］数字［.数字］e［±］数字（［］中的内容为可选项），其中内容根据具体情况可有可无，但其余部分必须有，如 125e3，7e9，－3.0e－3。

（3）字符型常量是单引号内的字符，如 'a'，'d' 等，不能显示的控制字符，可以在该字符前面加一个反斜杠 "\" 组成专用转义字符。常用转义字符表请看表 1-4。

（4）字符串型常量由双引号内的字符组成，如 "C _ Program"，"OK" 等。当引号内的没有字符时，为空字符串。在使用特殊字符时同样要使用转义字符，如双引号。在 C 中字符串常量是作为字符类型数组来处理的，在存储字符串时系统会在字符串尾部加上 "\0" 转义字符以作为该字符串的结束符。

注意：字符串常量 "A" 和字符常量 'A' 是不同的，前者在存储时多占用一个字节的字间。

表 1-4	转义字符表	
转义字符	含　义	ASCII 码（16/10 进制）
\o	空字符（NULL）	00H/0
\n	换行符（LF）	0AH/10
\r	回车符（CR）	0DH/13

转义字符	含义	ASCII 码（16/10 进制）
\ t	水平制表符（HT）	09H/9
\ b	退格符（BS）	08H/8
\ f	换页符（FF）	0CH/12
\ '	单引号	27H/39
\ "	双引号	22H/34
\\	反斜杠	5CH/92

（二）常量的定义

常量可用在不必改变值的场合，如固定的数据表、字库等。常量的定义方式有几种：

1. 用 define 预定义

♯difine False 0；//用预定义语句可以定义常量

♯difine True 1；//这里定义 False 为 0，True 为 1

在程序中用到 False 编译时自动用 0 替换，同理 True 替换为 1

2. 用 code、const 定义

unsigned int code a＝100；//用 code 把 a 定义在程序存储器中并赋值

const unsigned int c＝100；//用 const 定义 c 为无符号 int 常量并赋值

这两句它们的值都保存在程序存储器中，而程序存储器在运行中是不允许被修改的，所以如果在这两句后面用了类似"a＝110"，"a＋＋"这样的赋值语句，编译时将会出错。

五、变量

变量就是一种在程序执行过程中其值能不断变化的量。要在程序中使用变量必须先用标识符作为变量名，并指出所用的数据类型和存储模式，这样编译系统才能为变量分配相应的存储空间。定义一个变量的格式如下：

　　　　　　　　［存储种类］　　数据类型　　［存储器类型］　　变量名表

在定义格式中除了数据类型和变量名表是必要的，其他都是可选项。存储种类有四种：自动（auto）、外部（extern）、静态（static）和寄存器（register），缺省类型为自动（auto）。

说明了一个变量的数据类型后，还可选择说明该变量的存储器类型。存储器类型的说明就是指定该变量在 C51 硬件系统中所使用的存储区域，并在编译时准确的定位。表 1-5 中是 KEIL uVision2 所能认别的存储器类型。注意的是在 AT89C51 芯片中 RAM 只有低 128 位，位于 80H～FFH 的高 128 位则在 52 芯片中才有用，并和特殊寄存器地址重叠。

表 1-5　　　　　　　　　　　　　　AT89C51 特殊功能寄存器列表

存储器类型	说　　　明
data	直接访问内部数据存储器（128 字节），访问速度最快
bdata	可位寻址内部数据存储器（16 字节），允许位与字节混合访问
idata	间接访问内部数据存储器（256 字节），允许访问全部内部地址
pdata	分页访问外部数据存储器（256 字节），用 MOVX @Ri 指令访问
xdata	外部数据存储器（64KB），用 MOVX @DPTR 指令访问
code	程序存储器（64KB），用 MOVC @A+DPTR 指令访问

如果省略存储器类型，系统则会按编译模式 SMALL、COMPACT 或 LARGE 所规定的默认存储器类型去指定变量的存储区域。无论什么存储模式都可以声明变量在任何的 8051 存储区范围，然而把最常用的命令，如循环计数器和队列索引放在内部数据区，可以显著的提高系统性能。还有要指出的就是，变量的存储种类与存储器类型是完全无关的。

SMALL 存储模式：所有函数变量和局部数据段放在 8051 系统的内部数据存储区，这使访问数据非常快，但 SMALL 存储模式的地址空间受限。在写小型的应用程序时，变量和数据放在 data 内部数据存储器中是很好的，因为访问速度快。但在较大的应用程序中，data 区最好只存放小的变量、数据或常用的变量（如循环计数、数据索引），而大的数据则放置在别的存储区域。

COMPACT 存储模式：所有函数、程序变量和局部数据段定位在 8051 系统的外部数据存储区。外部数据存储区可有最多 256 字节（一页），在本模式中外部数据存储区的短地址用 @R0/R1。

LARGE 存储模式：所有函数和过程的变量以及局部数据段都定位在 8051 系统的外部数据区，外部数据区最多可有 64KB，这要求用 DPTR 数据指针访问数据。

下面对 sfr，sfr16，sbit 定义变量的方法加以举例。

sfr 和 sfr16 可以直接对 51 单片机的特殊寄存器进行定义，定义方法如下：

sfr 特殊功能寄存器名＝特殊功能寄存器地址常数；

sfr16 特殊功能寄存器名＝特殊功能寄存器地址常数；

如我们可以这样定义 AT89C51 的 P1 口：

sfr P1 ＝ 0x90；//定义 P1 I/O 口，其地址 90H

sfr 关键定后面是一个要定义的名字，可任意选取，但要符合标识符的命名规则，名字最好有一定的含义，如 P1 口可以用 P1 为名，这样程序会变的好读很多。

注意：等号后面必须是常数，不允许有带运算符的表达式，而且该常数必须在特殊功能寄存器的地址范围之内（80H～FFH）。sfr 是定义 8 位的特殊功能寄存器，而 sfr16 则是用来定义 16 位特殊功能寄存器，如 8052 的 T2 定时器，可以定义为：

sfr16 T2 ＝ 0xCC；//这里定义 8052 定时器 2，地址为 T2L＝CCH，T2H＝CDH

用 sfr16 定义 16 位特殊功能寄存器时，等号后面是它的低位地址，高位地址一定要位于物理低位地址之上。注意的是不能用于定时器 0 和 1 的定义。

sbit 可定义可位寻址对象。如访问特殊功能寄存器中的某位。其实这样应用是经常要用的如要访问 P1 口中的第 2 个引脚 P1.1，我们可以照以下的方法去定义：

（1）sbit 位变量名＝位地址

sbit P1 _ 1 ＝ Ox91；

这样是把位的绝对地址赋给位变量。同 sfr 一样，sbit 的位地址必须位于 80H～FFH。

（2）Sbit 位变量名＝特殊功能寄存器名^位位置

sft P1 ＝ 0x90；

sbit P1 _ 1 ＝ P1^1；//先定义一个特殊功能寄存器名再指定位变量名所在的位置

当可寻址位位于特殊功能寄存器中时可采用这种方法。

（3）sbit 位变量名＝字节地址^位位置

sbit P1 _ 1 ＝ 0x90^1；

这种方法其实和（2）是一样的，只是把特殊功能寄存器的位址直接用常数表示。

在 C51 存储器类型中提供有一个 bdata 的存储器类型，这个是指可位寻址的数据存储器，位于单片机的可位寻址区中，可以将要求可位寻址的数据定义为 bdata，如：

unsigned char bdata ib; //在可位寻址区定义 unsigned char 类型的变量 ib

int bdata ab [2]; //在可位寻址区定义数组 ab [2]，这些也称为可寻址位对象

sbit ib7=ib^7; //用关键字 sbit 定义位变量来独立访问可寻址位对象的其中一位

sbit ab12=ab [1] ^12;

操作符 "^" 后面的位位置的最大值取决于指定的基址类。char0-7，int0-15，long0-31。

六、8051 的 SFR、并行口、位变量

（1）特殊功能寄存器及 C51 的定义。特殊功能寄存器 SFR 定义的方法是引入关键字 "sfr"（特殊功能寄存器名一定要大写），语法如下：

sfr sfr_name=int constant;

例如：sfr P0=0x80; sfr TMOD=0x89;

对 SFR 的 16 位数据的访问，可使用关键字 "sfr16" 来定义。

例如：sfr16 T2=0xcc;

表示 T2 低 8 位地址是 0xcc；T2 高 8 位地址是 0xcd。

（2）位定义。对 SFR 中，具有位寻址能力的寄存器，可以用关键字 "sbit" 来定义，sbit 的定义形式：

sfr P0=0x80;　　　　sbit red=P0^0;

（3）8051 并行接口及其 Cx51 定义。

1）对于片内 I/O 口用关键字 sfr 来定义：

例如：sfr P0=0x80; //定义 P0 口，地址为 80H

2）对于片外扩展 I/O 口，则根据其硬件译码地址将其视为片外存储器的一个单元，使用 "#define，语句进行定义。

例如：#include<absacc. h>

　　　#define PORTA XBYTE [0xffc0]

七、运算符与表达式

（1）算术运算符与表达式。对于 a+b，a/b 这样的表达式大家都很熟悉，用在 C 语言中，"+、/" 就是算术运算符。C51 中的算术运算符有如下几个，其中只有取正值和取负值运算符是单目运算符，其他则都是双目运算符：

＋　加或取正值运算符

－　减或取负值运算符

＊　乘运算符

/　除运算符

％　取余运算符

++　自加运算符

－－　自减运算符

算术表达式的形式：

表达式1　算术运算符　表达式2

例如：a+b * 10-（x+y）

注意：除法运算符和一般的算术运算规则有所不同，如果是两浮点数相除，其结果为浮点数，如 10.0/20.0 所得值为 0.5。而两个整数相除时，所得值就是整数，如 7/3，值为 2。算术运算符有优先级和结合性，同样可用括号 "（　）" 来改变优先级。

自加自减运算表达式：

27

自加：＋＋x、x＋＋

自减：－－x、x－－

它们都是单目运算符，分别使变量的值增1和减1，分别表示把x的值加1和减1。

＋＋x、－－x和x＋＋、x－－的区别是：＋＋x、－－x是先把x增1或减1再使用；而x＋＋、x－－则是先使用x的值，再把x的值增1或减1。

例如：假定x＝3，则执行y＝＋＋x的结果是把4赋给了y。而执行y＝x＋＋的结果则是把3赋给了y，两种用法执行后的x值都是4。

（2）关系运算符与表达式。

1）C中有六种关系运算符：

　　　＞　大于

　　　＜　小于

　　　＞＝　大于等于

　　　＜＝　小于等于

　　　＝＝　等于

　　　！＝　等于

优先级：前四个具有相同的优先级，后两个也具有相同的优先级。前四个的优先级要高于后两个。

2）关系表达式：将两个表达式用关系运算符连接起来就是关系表达式。关系表达式通常是用来判别某个条件是否满足，关系运算符的运算结果只有0和1两种，也就是逻辑的真与假，条件满足时结果为1，不满足时结果为0。关系表达式的形式：

表达式1　关系运算符　表达式2

例如：I＜J，I＝＝J，(I＝4)＞(J＝3)，J＋I＞J

（3）逻辑运算符与表达式。

1）逻辑运算符：

＆＆ 逻辑与

｜｜逻辑或

！逻辑非

优先级：

优先级从高到低依次是:！(逻辑非)、＆＆ (逻辑与)、｜｜(逻辑或)。

2）逻辑表达式的一般形式为：

逻辑与表达式：条件式1＆＆条件式2

逻辑或表达式：条件式1｜｜条件式2

逻辑非表达式：！条件式

逻辑与：当条件式1"与"条件式2都为真时结果为真（非0值），否则为假（0值）。也就是说运算会先对条件式1进行判断，如果为真（非0值），则继续对条件式2进行判断，当结果为真时，逻辑运算的结果为真（值为1），如果结果不为真时，逻辑运算的结果为假（0值）。如果在判断条件式1时就不为真，就不用再判断条件式2了，运算结果为假。

逻辑或：当两个运算条件中有一个为真时，运算结果就为真，只有当条件式都不为真时，逻辑运算结果才为假。

逻辑非：则是把逻辑运算结果值取反，条件式的值为真，进行逻辑非运算后则结果变为假。

（4）位运算符与表达式。

1）位辑运算符：

～ 按位取反

≪ 左移

≫ 右移

& 按位与

＾ 按位异或

｜ 按位或

优先级从高到低依次是：

"～"（按位取反）、"≪"（左移）、"≫"（右移）、"&"（按位与）、"＾"（按位异或）、"｜"（按位或）

2）位运算一般的表达形式为：

变量1 位运算符 变量2

位运算的逻辑如表1-6所示。

表 1-6 按位取反、与、或、异或的逻辑真值表

X	Y	～X	～Y	X&Y	X｜Y	X＾Y
0	0	1	1	0	0	0
0	1	1	0	0	1	1
1	0	0	1	0	1	1
1	1	0	0	1	1	0

（5）复合赋值运算符与表达。复合赋值运算符就是在赋值运算符"＝"的前面加上其他运算符。

1）复合赋值运算符：

＋＝ 加法赋值　　　≫＝右移位赋值

－＝ 减法赋值　　　&＝逻辑与赋值

＊＝ 乘法赋值　　　｜＝逻辑或赋值

/＝ 除法赋值　　　＾＝逻辑异或赋值

％＝ 取模赋值　　　－＝逻辑非赋值

≪＝ 左移位赋值

2）复合运算一般的表达形式为：

变量 复合赋值运算符 表达式

其含义就是变量与表达式先进行运算符所要求的运算，再把运算结果赋值给参与运算的变量。其实这是C语言中一种简化程序的一种方法，凡是二目运算都可以用复合赋值运算符去简化表达。例如：

a＋＝56 等价于 a＝a＋56

y/＝x＋9 等价于 y＝y/（x＋9）

（6）条件运算符与表达式。

1）条件运算符：

? :

2）条件的表达式形式：

逻辑表达式？表达式1：表达式2

例如：if (a＜b)？a＋b：a－b

当逻辑表达式的值为真时（非0值）时，整个表达式的值为表达式1的值；当逻辑表达式的值为假（值为0）时，整个表达式的值为表达式2的值。

注意：是条件表达式中逻辑表达式的类型可以与表达式1和表达式2的类型不一样。

（7）指针和地址运算符与表达式。

1）指针和地址的运算符：

＊ 取内容

& 取地址

2）表达式分别为：

变量 ＝ ＊ 指针变量

指针变量 ＝ & 目标变量

取内容运算是将指针变量所指向的目标变量的值赋给左边的变量；取地址运算是将目标变量的地址赋给左边的变量。

注意：指针变量中只能存放地址（也就是指针型数据），一般情况下不要将非指针类型的数据赋值给一个指针变量。

（8）sizeof 运算符。sizeof 是用来求数据类型、变量或是表达式的字节数的一个运算符，但它并不像"＝"之类运算符那样在程序执行后才能计算出结果，它是直接在编译时产生结果的。它的语法如下：

sizeof（数据类型）

sizeof（表达式）

（9）强制类型转换运算符。强制转换运算符应遵循以下的表达形式：

（类型）表达式

强制类型转换运算是隐式转换，在程序进行编译时由编译器自动去处理完成的。所以有必要了解隐式转换的规则见图1-26：

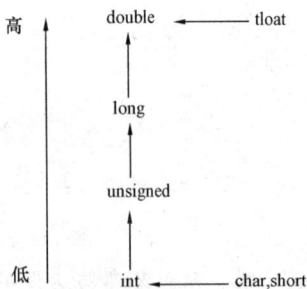

图1-26 隐式转换的规则

1）变量赋值时发生的隐式转换，"＝"号右边的表达式的数据类型转换成左边变量的数据类型。就如上面例子中的把INT赋值给CHAR字符型变量，得到的CHAR将会是INT的低8位。如把浮点数赋值给整形变量，小数部分将丢失。

2）所有char型的操作数转换成int型。

3）两个具有不同数据类型的操作数用运算符连接时，隐式转换会按以下次序进行：如有一操作数是float类型，则另一个操作数也会转换成float类型；如果一个操作数为long类型，另一个也转换成long；如果一个操作数是unsigned类型，则另一个操作会被转换成unsigned类型。

（10）赋值运算符与表达式

1）赋值运算符：

＝

2）赋值表达式：

一个变量与一个表达式连接起来的式子为赋值表达式。

变量＝表达式

相关知识2　C语言顺序结构程序的设计

一、C程序的语句

C语言的语句用来向计算机系统发出操作指令。一个语句经编译后产生若干条机器指令。一个实际的程序应当包含若干语句。C程序的执行部分是由语句组成的，程序的功能也是由执行语句实现的。C语句可分为以下五类：

（1）表达式语句。表达式语句由表达式加上分号"；"组成。其一般形式为：表达式；执行表达式语句就是计算表达式的值。例如：x＝y＋z；表达式语句 y＋z；加法运算语句，但计算结果不能保留，无实际意义，因此将其值赋给 x。又如：i＋＋；自增1语句，i值增1。

（2）函数调用语句。由函数名、实际参数加上分号"；"组成。其一般形式为：函数名（实际参数表）；执行函数语句就是调用函数体并把实际参数赋予函数定义中的形式参数，然后执行被调函数体中的语句，求取函数值。例如：

printf（"C Program"）；

调用库函数，输出字符串"C Program"。

（3）控制语句。控制语句用于控制程序的流程，以实现程序的各种结构方式。它们由特定的语句定义符组成。C语言有九种控制语句，可分成以下三类：

1）条件判断语句。

if 语句，switch 语句

2）循环执行语句。

do while 语句，while 语句，for 语句

3）转向语句。

break 语句，goto 语句，continue 语句，return 语句

（4）空语句。即只有一个分号"；"的语句，它什么也不做。有时用来做被转向点，或循环语句中的循环体（循环体是空语句，表示循环体什么也不做）。

（5）复合语句。把多个语句用括号 ｛｝ 括起来组成的一个语句称复合语句。在程序中应把复合语句 ｛｝ 内的语句看成是单条语句。例如：

```
{
x＝y＋z;
a＝b＋c;
        printf("%d %d",x,a);
    }
```

上面是一条复合语句。复合语句内的各条语句都必须以分号"；"结尾，在括号"｝"外不能加分号。

二、赋值语句

赋值语句是由赋值表达式再加上分号构成的表达式语句，是表达式语句的一种。其一般形式为：

变量 ＝ 表达式；

赋值语句的功能和特点都与赋值表达式相同。在赋值语句的使用中需要注意以下几点：

（1）C语言中的赋值号"＝"是一个运算符，其他大多数语言中赋值号不是运算符。

（2）赋值表达式与赋值语句的概念是有区别的，C语言中赋值表达式是一种表达式，它可以出现在任何允许表达式出现的地方，而赋值语句则不能。

例如：

if（（a＝b；）＞0）t＝a；就错了。因为a＝b；是赋值语句，在if条件中不能包含赋值语句。应该改为：

$$if（（a＝b）＞0）t＝a；$$

此语句中a＝b是赋值表达式，所以能出现在if语句中。由此可以看到，C语言把赋值语句和赋值表达式区别开来，增加了表达式的种类，使表达式的应用更广泛，能实现其他语言中难以实现的功能。

（3）由于在赋值符"＝"右边的表达式也可以又是一个赋值表达式，因此，下述形式：

$$变量＝（变量＝表达式）；$$

是成立的，从而形成嵌套的情形。其展开之后的一般形式为：变量＝变量＝…＝表达式；例如：

$$a＝b＝c＝d＝e＝5；$$

按照赋值运算符的右接合性，因此实际上等效于：

$$e＝5；d＝e；c＝d；b＝c；a＝b；$$

（4）注意在变量说明中给变量赋初值和赋值语句的区别。给变量赋初值是变量说明的一部分，赋初值后的变量与其后的其他同类变量之间仍必须用逗号间隔，而赋值语句则必须用分号结尾。在变量说明中，不允许连续给多个变量赋初值。如下述说明是错误的：int a＝b＝c＝5 必须写为：

$$int a＝5，b＝5，c＝5；$$

而赋值语句允许连续赋值，如上面第三点给出的例子：

$$a＝b＝c＝d＝e＝5；$$

相关知识3　C语言选择结构程序的设计

一、if语句

if语句是根据给定的条件判断去执行哪一种操作。在C语言中提供了if语句的三种基本形式及if语句的嵌套，下面通过几个单项任务来分别介绍他们。

1. if语句的第一种形式

（1）if语句的第一种形式为：

$$if（表达式）语句$$

（2）功能：当执行if语句时，如果表达式为真则执行if后面的语句，然后往下执行，否则直接往下执行。执行过程如图1-27所示。

2. if语句的第二种形式

（1）if语句的第二种形式为：

$$if（表达式）语句 1 else 语句 2$$

（2）功能：当执行if-else语句时，如果表达式为真，则执行语句1，不执行语句2；否则执行语句2不执行语句

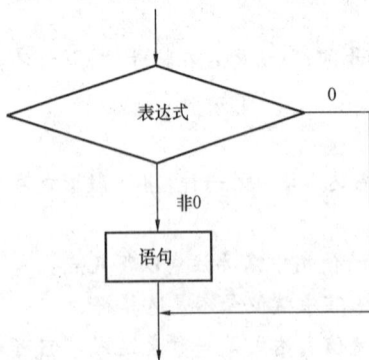

图1-27　if语句执行过程

1. 执行过程如图 1-28 所示。

3. if 语句的第三种形式

(1) if 语句的第三种形式为:

$$if (表达式 1)$$
$$\{语句 1\}$$
$$else\ if (表达式 2)$$
$$\{语句 2\}$$
$$\dots$$
$$else\ if (表达式 n)$$
$$\{语句 n\}$$
$$else$$
$$\{语句 n+1\}$$

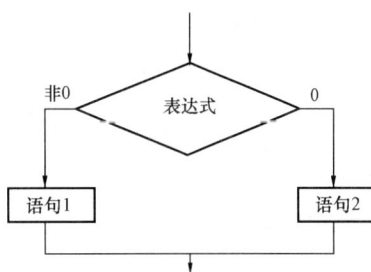

图 1-28　if-else 语句执行过程

(2) 功能: 当执行 if 时, 先对表达式 1 进行判断, 满足条件则执行语句 1, 否则对表达 2 进行判断, 如果满足条件就执行语句 2, 否则往下继续判断。如果所有表达式都不满足, 则执行语句 n+1。功能如图 1-29 所示。

对 if 语句使用的说明:

1) if 语句中的表达式一般为逻辑表达式或者关系表达式。例如:

$$if(x = = y\ \&\& \ m = = n)$$
$$\quad x = y; \qquad //为逻辑表达式$$
$$\quad if\ (a = = b)$$
$$\quad a = a + b; \qquad //为关系表达式$$

2) 在 if 和 else 后面可以只含一个内嵌的操作语句, 也可以是复合语句。

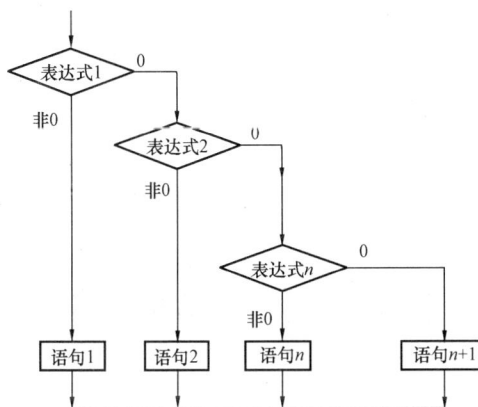

图 1-29　if-else-if 语句执行过程

3) else 语句不能作为语句单独使用, 它必须和 if 语句一起配对使用。

4) 在没有花括号的情况下, else 总是与它前面的, 距它最近的 if 语句配对。

注意:

1) 当 if 的个数与 else 的个数不相同时, else 采用就近配对的原则。

2) if 的个数大于等于 else 的个数。

4. if 的嵌套形式

```
if (表达式 1)
    if (表达式 2) 语句 1;
        else 语句 2;
else
    if (表达式 3) 语句 3;
        else 语句 4;
```

二、switch 语句

由前面 if 语句的相关知识可以知道, if 语句可以帮我们解决多分支选择问题, 但同时也注意到当分支超过三条以上时, 使用 if 嵌套语句来解决问题, 结构上就会显得相当复杂, 而且嵌套的层次数越多, 程序的可读性就越差。在 C 语言中还提供了 switch 语句来直接处理多分支选择问题。

(1) switch 语句的一般形式。

switch (表达式)

{

      case 常量表达式 1:语句 1; [break;]

      case 常量表达式 2:语句 2; [break;]

                  …

      case 常量表达式 n:语句 n; [break;]

    default:语句 n+1;

  }

(2) switch 语句的执行过程。先计算表达式的值，当常量表达式值与某个常量表达式的值相等时，执行后面的语句。如表达式的值与所有 case 后的常量表达式均不相同时，则执行 default 后的语句。

(3) 对 switch 语句说明。

1) ANSI 标准允许 switch 语句中表达式可以是任何类型的。

2) 在 case 后的各常量表达式的值不能相同，否则会出现错误。

3) 在 case 后，允许有多个语句，可以不用 {} 括起来。

4) 各 case 和 default 子句的先后顺序可以变动，而不会影响程序执行结果。

5) 当执行完一个 case 语句后，接着执行下一个 case 语句，"case 常量表达式"仅起到语句标号的作用，在该处并不进行比较，要跳出 switch 语句，必须用 break 语句。

6) default 子句可以省略不用。

7) [break;] 是可选项，根据需要决定省去还是保留。关于 break 语句的使用在项目二中介绍。

巩固与提高

(1) 如何将转向灯闪烁的速度变快？

(2) 如何让转向灯不闪烁？

(3) 如果把任务 4 程序中的 if 换为用 switch，可行吗？如何修改程序？

项目二 奥运五环彩灯的 设计与仿真

一、项目设计目标

1. 预期目标

在 PROTUES 仿真软件下实现花样点亮奥运五环彩灯的仿真。

2. 促成目标

(1) 通过在 PROTUES 软件环境下仿真点亮奥运五环彩灯控制的过程,更好地熟悉使用 PROTUES 设计仿真电路图的方法。

(2) 熟知单片机扩展 I/O 的方法,串并移位寄存器传送数据的 C 程序设计方法。

(3) 掌握花样点亮五环彩灯的程序设计及 C 语言的循环语句和自定义函数的使用。

二、项目设计任务

(1) 能用 74LS164 扩展单片机的 I/O 口,并正确地将 74LS164 与单片机连接。

(2) 能设计出实现花样点亮奥运五环彩灯的电路图及 C 程序。

(3) 能调试并运行程序。

(4) 会创建 HEX 文件。

(5) 会使用 PROTUES 设计电路图。

(6) 能将 HEX 文件装入单片机,并进行仿真。

三、项目设计方案

1. 仿真电路设计方案

(1) 如图 2-1 所示,每个环由 8 只发光二极管组成,每个环上的发光二极管的颜色都不同。

(2) 由于 5 个环要使用 5 个 8 位的输出端口,由于单片机的 I/O 口资源是有限的,用如图 2-1 所示的串/并转换电路来扩充系统资源。串并转换电路其实质是一个串入并出(串行输入并行输出)的移位寄存器(采用 74LS164 或 74HC595 等器件来完成此功能)。每一个 74LS164 的输出端控制一个环的 8 只灯。

(3) 每个环的发光二极管都共阴极,分别由 AT89C51 单片机的 P2 口的 P2.0~P2.4 5 根线控制。

(4) 5 个 74LS164 共用一根时钟线,由 AT89C51 单片机的 P1 口的 P1.0 控制,数据线分别由 P1.1~P1.5 控制。

2. 程序设计方案

程序设计能使五环的灯以下面三种花样闪烁:

(1) 5 个环的 LED 同时全亮,全灭,闪 4 次。

(2) 重复 2 次逐个点亮五环。

(3) 重复 3 次同时逐个点亮五个环的 LED(按顺时针 3 圈)。

四、项目实施过程

(1) 在 PROTUES 环境下打开光盘中的"项目二"文件夹中的"P2.DSN"文件,进入如图

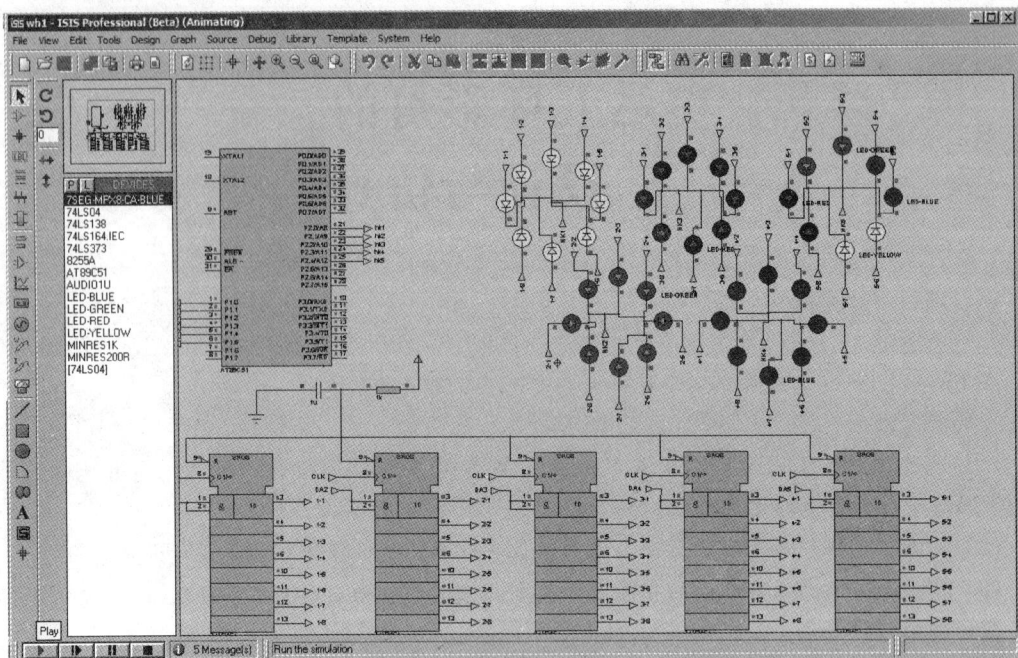

图 2-1　奥运五环彩灯的仿真图

2-1 所示的界面。

　　（2）单击界面左下方播放器的"Play"按钮，仔细观察电路图及运行结果，记录所看到的运行过程。

　　（3）如何才能实现点亮五彩灯环呢？

　　要实现五彩灯环逐次按一定时间发光，只需要根据电路图编制 C 程序，控制单片机与发光二极管的连接端口（这里是 P1 口）的高低电平及发光时间即可。

　　下面我们就一步步实现吧。

任务 1　实现花样点亮一环彩灯的仿真

任务目标

　　掌握实现"花样点亮一环彩灯"的 C 程序设计的方法，从而熟悉 C 语言的循环语句及函数的使用方法。

任务实施

　　1. 设计仿真电路图

　　（1）根据表 2-1，在 PROTUES 元件中选择元件。

表 2-1   元 件 表

元件名称	所属类	所属子类
AT89C51（单片机）	Microprocessor ICs	8051Family
LED-RED（发光二极管—红色）	Optoelectronics	LEDS
MINRES220R（电阻 220Ω）	Resistors	All Sub

（2）设计图 2-2 所示的电路图。

（3）保存文件名为"点亮一环彩灯"的仿真电路图文件。

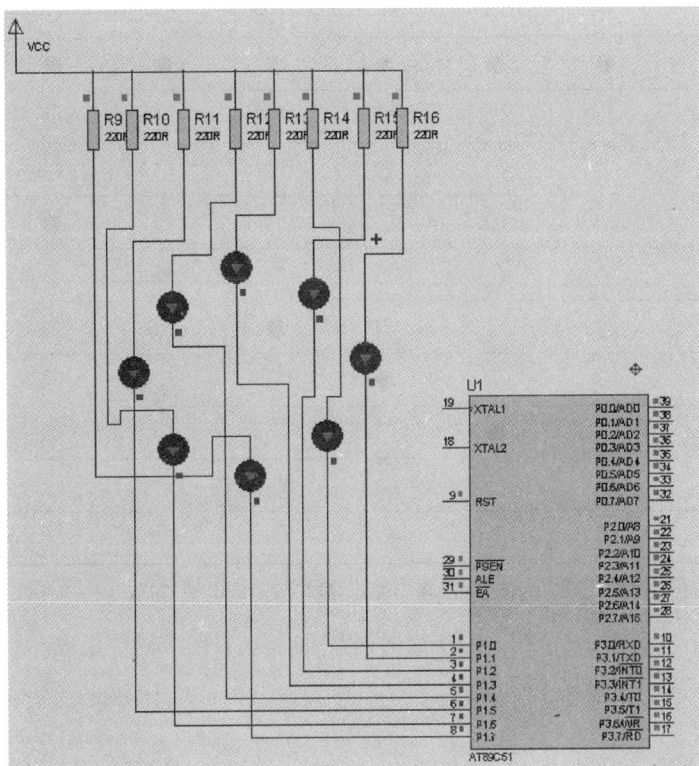

图 2-2 点亮一环彩灯的仿真图

2. 程序设计分析

如图 2-2 所示，一个灯环是用 8 只 LED 发光二极管接到单片机 P1 口的 8 个引脚上的，是共阳极接法。当 P1 口输出"0x00"即"00000000B"时 LED 全亮，当 P1 口输出"0xff"即"11111111B"时 LED 全灭。

（1）程序设计要求。用两种花样点亮 8 只灯：

1）8 只 LED 全灭、全亮、再全灭的闪烁。

2）8 只灯按逆时针逐个点亮。

（2）程序设计思路。

1）8 只全亮灭的闪烁。当 P1 口的任一引脚输出低电平时，对应的 LED 就被点亮，在程序中可用 led＝0x00；P1＝led；这两句实现。当 P1 输出高电平时，对应的 LED 就灭，在程序中可用 led＝0xff；P1＝led；这两句实现。根据要求灯要闪烁，那么，在点亮或灭都需要保持一定的延时。因此在程序中可用一个延时的函数 delay（unsigned int a）来延长发光二极管的亮灭时间，

37

从而达到 LED 发光闪烁的目的。

2) 8 只灯按逆时针逐个点亮。从图 2-2 可见,8 只灯按逆时针逐个点亮即为从低位向高位移动。我们可将 0xfe,0xfd,0xfb,0xf7,0xef,0xdf,0xbf,0x7f 这 8 个数分别从 P1 口输出来实现,也可先给 P1 一个 0xfe,然后用 8 次循环左移函数 _corl_ ( ) 来实现。

两种花样点亮灯的数据如表 2-2 所示。

表 2-2　　　　　　　　　　　　　　数　据　表

序 号	LED7	LED6	LED5	LED4	LED3	LED2	LED1	LED0	数据
花样 1-1	○	○	○	○	○	○	○	○	0xff
花样 1-2	●	●	●	●	●	●	●	●	0x00
花样 1-3	○	○	○	○	○	○	○	○	0xff
花样 2-1	○	○	○	○	○	○	○	●	0xfe
花样 2-2	○	○	○	○	○	○	●	○	0xfd
花样 2-3	○	○	○	○	○	●	○	○	0xfb
花样 2-4	○	○	○	○	●	○	○	○	0xf7
花样 2-5	○	○	○	●	○	○	○	○	0xef
花样 2-6	○	○	●	○	○	○	○	○	0xdf
花样 2-7	○	●	○	○	○	○	○	○	0xbf
花样 2-8	●	○	○	○	○	○	○	○	0x7f

注　"○"表示高电平"1",图 2-2 中发光二极不亮;"●"表示低电平"0",图 2-2 中发光二极被点亮。

3) 程序由一个主函数 main (),一个延时函数 delay () 两个函数组成。

3. 花样点亮一环彩灯的程序设计

操作步骤:

(1) 在 KEIL 下建立工程。

(2) 创建 C 程序文件,并添加到工程中。

(3) 编辑实现控制左右转向灯的 C 程序。

C 源程序 1://"HYD1.c"

/＊＊＊＊＊＊＊＊＊实现花样点亮一环彩灯的主函数＊＊＊＊＊＊＊＊＊＊＊＊/

```
#include<reg51.h>   //C程序头文件,调用 MCS-51 特殊功能寄存器的定义
#define uchar  unsigned char   //预处理,表示在程序中用"uchar"代替 unsigned char 类型数据
#define uint   unsigned int    //预处理,表示在程序中可用"uint"代替 unsigned int 类型数据
void delay(uint);   //自定义函数的函数原型说明
void main()         //主函数
{
    uchar led;   //数据类型说明,说明 led 为字符号型变量
    while(1)         //无限循环
    {
        led = 0xff;          //将十六进制数 0xff,即二进制 11111111B 送给变量 led
```

```
    P1 = led;           //led 的值通过 P1 口输出,使 8 只发光二极管全灭
    delay(400);         //调用自定义函数,实现发光二极管逐个点亮的时间
    led = 0x00;         //将十六进制数 0x00,即二进制 00000000B 送给变量 led
    P1 = led;           //led 的值通过 P1 口输出,使 8 只发光二极管全亮
    delay(400);
    led = 0xff;
    P1 = led;
    delay(400);
    led = 0xfe;         //将十六进制数 0xfe,即二进制 11111110B 送给变量 led
    P1 = led;
    delay(400);
    led = 0xfd;   //将十六进制数 0xfd,即二进制 11111101B 送给变量 led
    P1 = led;
    delay(400);
    led = 0xfb;         //将十六进制数 0xfb,即二进制 11111011B 送给变量 led
    P1 = led;
    dclay(400);
    led = 0xf7;         //将十六进制数 0xf7,即二进制 11110111B 送给变量 led
    P1 = led;
    delay(400);
    led = 0xef;         //将十六进制数 0xef,即二进制 11101111B 送给变量 led
    P1 = led;
    delay(400);
    led = 0xdf;         //将十六进制数 0xdf,即二进制 11011111B 送给变量 led
    P1 = led;
    delay(400);
    led = 0xbf;         //将十六进制数 0xbf,即二进制 10111111B 送给变量 led
    P1 = led;
    delay(400);
    led = 0x7f;         //将十六进制数 0x7f,即二进制 01111111B 送给变量 led
    P1 = led;
    delay(400);
    }
}
/ * * * * * * * * * * * * 点亮发光二极管的延时函数 * * * * * * * * * * * /
void delay(uint a)     //自定义函数的定义
{   uchar k;     //数据类型说明,说明 k 为无符号字符型变量
    while(a - -)            //循环延时大约 400×0.5ms = 200ms = 0.2s
    {
        for(k = 0;k<250;k + +);   //延时大约 250×2μs = 0.5ms
    }
}
C 源程序 2://"HYD2.c"
/ * * * * * * * * * * * 实现花样点亮一环彩灯的主函数 * * * * * * * * * * * * * * * /
```

```
#include<reg51.h>    //C程序头文件,调用MCS-51特殊功能寄存器的定义
#include<intrins.h>   //C程序头文件,调用C库函数这里使用循环位移函数
#define uchar unsigned  char
#define uint unsigned   int
void delay(uint);    //自定义函数的函数原型说明
void main()          //主函数
{
    uchar led,i;    //数据类型说明,说明 led 为字符型变量
    while(1)        //无限循环
    {
      led = 0xff;          //将十六进制数 0xff,即二进制 11111111B 送给变量 led
      P1 = led;  //led 的值通过 P1 口输出,使 8 只发光二极管全灭
      delay(400);        //调用自定义函数,实现发光二极管逐点亮的时间
      led = 0x00;      //将十六进制数 0x00,即二进制 00000000B 送给变量 led
      P1 = led;  //led 的值通过 P1 口输出,使 8 只发光二极管全亮
      delay(400);
      led = 0xfe;      //将十六进制数 0xfe,即二进制 11111110B 送给变量 led
      for(i = 0;i<8;i++)
      {
        P1 = led;    //led 的值通过 P1 口输出,使 8 只发光二极管逐个点亮
        led = _crol_(led,1);  //led 循环左移一位后再送给 led
        delay(400);
      }
    }
}
/* * * * * * * * * * * *点亮发光二极管的延时函数* * * * * * * * * * */
void delay(uint a)     //自定义函数的定义
{   uchar k;    //数据类型说明,说明 k 为无符号字符型变量
    while(a--)           //循环延时大约 400×0.5ms = 200ms = 0.2s
    {
        for(k = 0;k<250;k++);   //延时大约 250×2μs = 0.5ms
    }
}
```

（4）编译调试程序，根据信息框的信息进行修改程序。

（5）如果没有错，建立可执行文件夹 HEX 文件。

4. 仿真操作

（1）装入 HEX 文件，单击界面左下方的"运行"按钮。

（2）仔细观察电路图及运行结果。

提高训练

设计一个实现 LED 两两移动闪烁的 C 程序。

任务 2 用74LS164控制的花样点亮一环彩灯的仿真

任务目标

(1) 掌握使用串并移位寄存器发送数据的C程序模块的设计方法。
(2) 进一步熟悉循环语句及函数的使用，理解模块化程序设计的意义。

任务实施

1. 设计仿真电路图
操作步骤：
(1) 根据表 2-3，在 PROTUES 元件中选择元件。

表 2-3 元 件 表

元件名称	所属类	所属子类
AT89C51（单片机）	Microprocessor ICs	8051Family
LED-BLUE（发光二极管—蓝色）	Optoelectronics	LEDS
MINRES1K（电阻 1000Ω）	Resistors	All Sub
CAP（电容 1μF）	Capacitors	All Sub
74LS164（串/并转换）	Resistors	All Sub

(2) 设计图 2-3 所示的电路图。
(3) 保存文件名为"点亮一环彩灯"的仿真电路图文件。

2. 程序设计分析

(1) 由如图 2-3 可见，74LS164 的时钟线与 P1.0 连接，数据线与 P1.1 连接，74LS164 的 8 根输出线每根与一个发光二极管的阳极端连接，8 个发光二极管的阴极连接在一起（共阴极），与 P2.0 连接。由此可知，只有当 P2.0 输出低电平，74LS164 的输出位输出高电平时，发光二极管才可以亮。因此，要实现与任务一相同的花样点亮一环彩灯，就要由 74LS164 输出如表 2-4 所示的数据。

表 2-4 数 据 表

序号	Q7	Q6	Q5	Q4	Q3	LED2	LED1	LED0	数据
花样 1-1	●	●	●	●	●	●	●	●	0x00
花样 1-2	○	○	○	○	○	○	○	○	0xff
花样 1-3	●	●	●	●	●	●	●	●	0x00
花样 2-1	●	●	●	●	●	●	●	○	0x01
花样 2-2	●	●	●	●	●	●	○	●	0x02
花样 2-3	●	●	●	●	●	○	●	●	0x04
花样 2-4	●	●	●	●	○	●	●	●	0x08
花样 2-5	●	●	●	○	●	●	●	●	0x10
花样 2-6	●	●	○	●	●	●	●	●	0x20
花样 2-7	●	○	●	●	●	●	●	●	0x40
花样 2-8	○	●	●	●	●	●	●	●	0x80

注 "○"表示高电平"1"，图 2-3 中发光二极被点亮；"●"表示低电平"0"，图 2-3 中发光二极不亮。

41

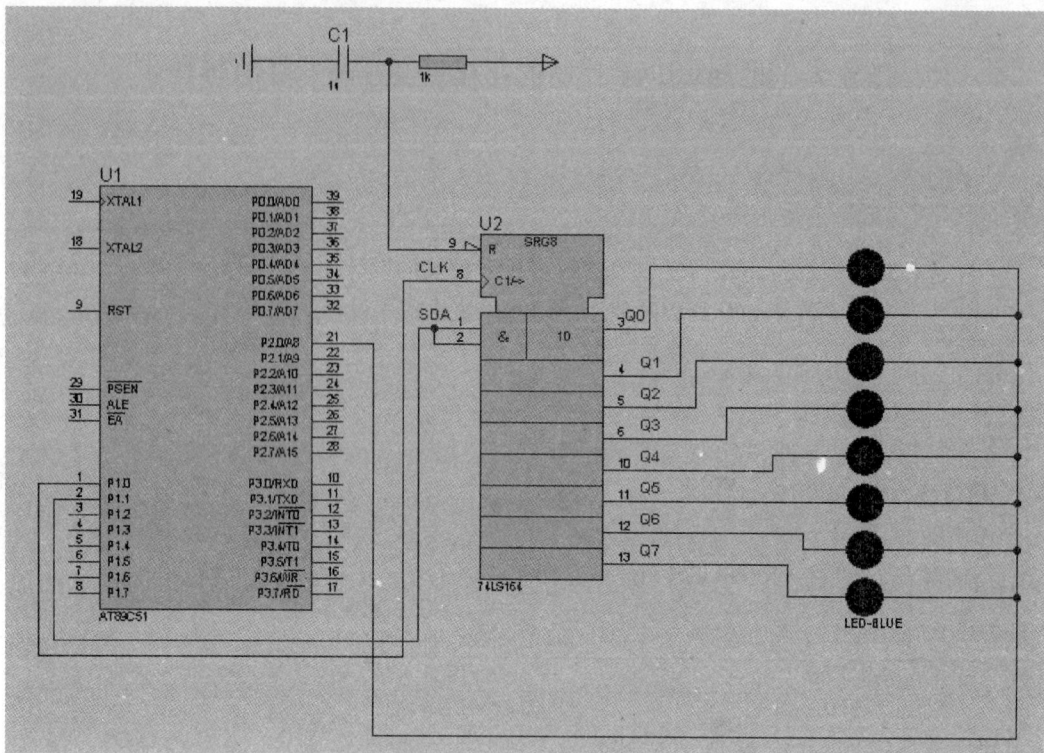

图 2-3　点亮一环彩灯仿真图

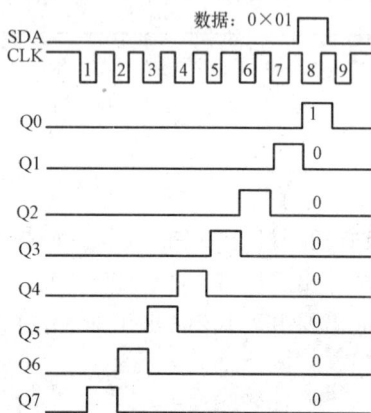

图 2-4　串行移位输出时序（Q7～Q0）

　　（2）串行数据在同步移位脉冲 CLK 的作用下经串行数据线 SDA 把数据移位输出到 Q7～Q0 端。这样仅需 3 根线（也可以用 2 根线）就可以分别控制 8 个发光二极管的亮灭。

　　（3）串入并出移位寄存器输出数据的编程分析。如图 2-3 所示，我们用一个数据 0x01，去点亮 Q0 端的发光二极管，串行数据在 CLK 的作用下，在数据线上逐一移位输出到输出端 Q7～Q0。移位过程如图 2-4 所示。

　　从时序可见，一个数据的移位输出的过程可用循环左移函数 _ crol _ （a，i）表示，这里 a 表示数据，i 表示移动的位数。如 a＝0x01，移位过程表示为：

　　当 i＝0 时，_ crol _ （a，0），没移位，0 0 0 0 0 0 0 1，经判断最高位为 0（Q7）。

　　当 i＝1 时，_ crol _ （a，1），循环移 1 位，0 0 0 0 0 0 1 0，经判断最高位为 0（Q6）。

　　当 i＝2 时，_ crol _ （a，2），循环移 2 位，0 0 0 0 0 1 0 0，经判断最高位为 0（Q5）。

　　当 i＝3 时，_ crol _ （a，3），循环移 3 位，0 0 0 0 1 0 0 0，经判断最高位为 0（Q4）。

　　当 i＝4 时，_ crol _ （a，4），循环移 4 位，0 0 0 1 0 0 0 0，经判断最高位为 0（Q3）。

　　当 i＝5 时，_ crol _ （a，5），循环移 5 位，0 0 1 0 0 0 0 0，经判断最高位为 0（Q2）。

　　当 i＝6 时，_ crol _ （a，6），循环移 6 位，0 1 0 0 0 0 0 0，经判断最高位为 0（Q1）。

　　当 i＝7 时，_ crol _ （a，7），循环移 7 位，1 0 0 0 0 0 0 0，经判断最高位为 0（Q0）。

　　由此可知，每给一个时钟脉冲，就由低位向高位移动一次，移动一次我们就可判断最高位是"1"还是"0"，如果是"1"，发送到数据线 SDA 上的为"1"，如果是"0"，则发送到数据线

SDA 上的为 "0"。可用下面函数表示:

```
void send(uchar a)
{
    uchar i;   //串行数据位定义变量
    for(i = 0;i<8;i + +)   //发送一个字节数据 a 的循环(a = 0x01;)
    {
        if( _ crol _ (a,i)&0x80)   //判断此位是 1 吗?
            SDA = 1;   //是,P1.0 为 1
        else
            SDA = 0; // 否则,P1.0 为 0
        CLK = 0;   //发送一个同步时钟信号
        CLK = 1;
    }
}
```

请读者写出 0x02,0x04,0x08,0x10,0x20,0x40.0x80 数据的移位输出过程。

3. 串并移位寄存器控制的花样点亮一环彩灯的程序设计

C 源程序 //"hyd _ cb _ kz. c"

```
#include <reg51.h>
#include <intrins.h>
#define uint unsigned int
#define uchar unsigned char
void delay(uint); //延时函数原型说明
void send(uchar); //串行发送数据函数原型说明
sbit CLK = P1^0;   //定义串行时钟线
sbit SDA = P1^1;   //定义串行数据线
sbit PLED = P2^0;   //定义灯控制位
/* * * * * * * * * * * * * * * *主函数* * * * * * * * * * * * * * */
void main(void)
{
    uchar led,i;
    PLED = 0;
    while(1)
    {
        led = 0xff;   //将十六进制数 0xff,即二进制 11111111B 送给变量 led
        send(led);   //led 的数据通过 74LS164 输出,使 8 只发光二极管全灭
        delay(200);   //调用自定义函数,实现发光二极管逐个点亮的时间
        led = 0x00; //将十六进制数 0x00,即二进制 00000000B 送给变量 led
        send(led);   //led 的值通过 74LS164 口输出,使 8 只发光二极管全亮
        delay(200);
        send(led);
        P1 = led;
        delay(200);
        led = 0x01;   //点亮第一个发光二极管的数据
        for(i = 0;i<8;i + +)   //逐个点亮
```

43

```
    {
        send(led); //调用串行发送函数,输出8个八位的数据
        delay(200);
        led = _crol_(led,1);      // led 循环左移一位,再赋给 led
    }
  }
}
/* * * * * * * * * * * * * * * 串行发送函数 * * * * * * * * * * * * * * * * * * /
void send(uchar a)
{
    uchar i;   //串行数据位定义变量
    for(i = 0;i<8;i + +)   //发送一个字节数据循环
    {
        if( _crol_ (a,i)&0x80)   //判断此位是1吗?
            SDA = 1;   //是,P1.0 为 1
        else
            SDA = 0; // 否则,P1.0 为 0
        CLK = 0;   //发送一个同步时钟信号
        CLK = 1;
    }
}
/* * * * * * * * * * * * * * * * 延时函数 * * * * * * * * * * * * * * * * * /
void delay(uint x)
{uchar k;
while(x - -)
for(k = 0;k<255;k + +);
}
```

4. 仿真操作

(1) 装入 HEX 文件,单击界面左下方的"运行"按钮。

(2) 仔细观察电路图及运行结果。

(3) 再读读程序,找出在程序中串行发送的程序段。

提高训练

设计一个用 74LS164 控制输出实现 LED 两两移动的程序。

任务3　实现花样点亮奥运五环彩灯的仿真

任务目标
----

(1) 掌握使用多个串并移位寄存器发送数据的 C 程序模块的设计方法。

(2) 更好地熟悉循环语句及函数的使用，进一步理解模块化程序设计的意义。

任务实施

1. 设计仿真电路图

(1) 根据表 2-5，在 PROTUES 元件中选择元件。

表 2-5   元 件 表

元件名称	所属类	所属子类
AT89C51（单片机）	Microprocessor ICs	8051Family
LED-RED（发光二极管—红色）	Optoelectronics	LEDS
LED-BLUE（发光二极管—蓝色）	Optoelectronics	LEDS
LED-GREEN（发光二极管—绿色）	Optoelectronics	LEDS
LED-YELLOW（发光二极管—黄色）	Optoelectronics	LEDS
CAP（电容 $1\mu F$）	Capacitors	All Sub
MINRES1K（电阻 1000Ω）	Resistors	All Sub
74LS164（串/并转换）	Resistors	All Sub

(2) 设计图 2-1 所示的电路图。

(3) 保存文件名为"点亮五环彩灯"的仿真电路图文件。

2. 程序设计分析

根据程序设计方案要求，使五环的灯以下面三种花样闪烁：

(1) 五个环的 LED 同时全亮，全灭，闪 4 次：要实现该功能，首先要使 P2 口保持输出低电平即 P2＝0x00，再使串并转换寄存器的输出端输出高、低电平来控制五个环的 LED 是亮还是不亮。从图 2-1 可见，使串行输出数据 0xff 让五环 LED 亮，使串行输出数据 0x00 让五环 LED 不亮。这样重复 3 次即可。实现该功能的 C 程序段为：

```
P2 = 0x00;
x = 0xff;
for(i = 0;i<8;i + +)    //控制亮、灭各 4 次,共 8 次
{
    send(x);        //调用发送 x 的函数
    delay(200);   //调用延时函数
    x = ~x;          //x 取反
}
```

(2) 重复 2 次逐个点亮五环。从上可知道当 P2＝0xff（P2＝11111111B）时，五个环的 LED 全灭；当 P2＝0x00（P2＝111111111B）时，五个环的 LED 全亮。但是要实现该逐个点亮五环，首先要控制让哪些环亮，哪些环不亮。从图 2-1 可见，只要控制 P2 的输出数据就可以实现。

如：

当 P2＝0xfe（P2＝11111110B）时，第 1 个环的 LED 亮，2～5 环不亮；

当 P2＝0xfc (P2＝11111100B) 时，第 1～2 两个环的 LED 亮，3～5 环不亮；

当 P2＝0xf8 (P2＝11111000B) 时，第 1～3 环的 LED 亮，4～5 环不亮；

当 P2＝0xf0 (P2＝11110000B) 时，第 1～4 环的 LED 亮，第 5 环不亮；

当 P2＝0xe0 (P2＝11100000B) 时，五个环的 LED 全亮；

从上分析可见，P2 输出的数据的变化，实际上就是从前一个数据向左移动一位变为后一个数据。如：

0xfe

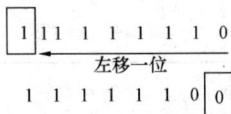

0xfe 左移一位时高位"1"丢失，低位用"0"补上得到 0xfc。

同理：0xfc 左移一位后为 0xf8

0xf8 左移一位后为 0xf0

0xf0 左移一位后为 0xe0

如何用程序实现呢？假设用 j 变量控制 P2 输出数据的变化（控制哪个环亮），那么

当 j＝1，P2＝0xfe；

当 j＝2，P2＝0xfc；

当 j＝3，P2＝0xf8；

当 j＝4，P2＝0xf0；

当 j＝5，P2＝0xe0；

变量 num 为 P2 输出的数据，程序段为：

```
num = 0xfe;    // num 给第一个值"11111110B"通过 P2 输出,可使第一个环的 LED 全亮,其他全灭
for(i = 0;i<2;i+ +)     //重复 2 次控制逐个点亮五环
{    send(x);
    for(j = 1;j< = 5;j+ +)      //控制使五个环逐个亮
    {    P2 = num;
         delay(400);
         num = num<<1;       //num 左移一位
    }
    P2 = 0xff;delay(300);
    num = 0xfe;
}
```

（3）重复 3 次同时环逐个点亮五个环的 LED（按顺时针 3 圈）。程序与任务二的花样 2 相同，这里不多讲了。

3. 实现花样点亮奥运五环彩灯的程序设计

完整的 C 源程序   //"wh. c"

```
#include <reg51. h>
#include <intrins. h>
#define uint unsigned int
#define uchar unsigned char
void delay(uint);
void send(uchar);    //串行发送数据的函数原形说明
```

```
void led1(void);      //控制五个环的灯全亮,全灭,闪4次的函数原形说明
void led2(void);      //控制逐个点亮五环,循环2轮的函数原形说明
void led3(void);      //控制每个环逐个灯点亮,循环3次的函数原形说明
sbit CLK = P1^0;      //定义串行时钟线
sbit SDA1 = P1^1;     //定义串行数据线1
sbit SDA2 = P1^2;     //定义串行数据线2
sbit SDA3 = P1^3;     //定义串行数据线3
sbit SDA4 = P1^4;     //定义串行数据线4
sbit SDA5 = P1^5;     //定义串行数据线5
/* * * * * * * * * * * * * * *主函数* * * * * * * * * * * * * * * * * * * * */
void main(void)
{
    while(1)
    {
        led1();delay(100);
        led2();delay(100);
        led3();delay(100);
    }
}
/* * * * * * * * * * * *五个环全亮/灭 闪4次的函数* * * * * * * * * * * * * * */
void led1(void)
{
    uchar i,x;
P2 = 0x00;
    x = 0xff;
    for(i = 0;i<8;i + +)    //控制亮、灭各4次,共8次
    {
        send(x);      //调用发送x的函数
        delay(200);   //调用延时函数
        x = ~x;       //x取反
    }
}
/* * * * * * * * * * * * *逐个点亮五环两轮的函数* * * * * * * * * * * * * * */
void led2(void)
{
    uchar i,x,num,j;   //定义 i、j为循环变量,x为串行发送的数据变量,num为P2的输出数据,控制是
                       哪个环亮/灭
    x = 0xff;       //串行发送的数据,可使LED亮
    P2 = 0xff;      //P2初值,使LED不亮
    num = 0xfe;    //num给第一个值"11111110B"通过P2输出,可使第一个环的LED全亮,其他全灭
    for(i = 0;i<2;i + +)   //控制逐个点亮五环两轮
    {   send(x);
        for(j = 1;j< = 5;j + +)    //控制使五个环逐个亮
        {   P2 = num;
```

```
            delay(400);
            num = num<<1;        //num 左移一位
        }
        P2 = 0xff;delay(300);
        num = 0xfe;
    }
}
/ * * * * * * * * 重复 3 次同时逐个点亮五个环的 LED 的函数 * * * * * * * /
void led3(void)
{
    uchar x,m,i;
    P2 = 0x00;
    x = 0x01;
    for(i = 0;i<3;i + +)      //控制重复 3 次
    {for(m = 0;m<8;m + +)
        {
            send(x);   //调用串行发送函数
            delay(200);
            x = _crol_(x,1);
        }
    }
}
/ * * * * * * * * * * * * * 串行发送函数 * * * * * * * * * * * * * * /
void send(uchar a)
{
    uchar i;   //串行数据位定义变量
    for(i = 0;i<8;i + +)   //发送一个字节数据循环
    {
        if( _crol_(a,i)&0x80)   //判断此位是否为 1
        {  SDA1 = 1;   //是,数据为 1,5 个串/并转换发送的数据相同
            SDA2 = 1;
            SDA3 = 1;
            SDA4 = 1;
            SDA5 = 1;
        }
        else
        {   SDA1 = 0; // 否则,P1.0 为 0
            SDA2 = 0;
            SDA3 = 0;
            SDA4 = 0;
            SDA5 = 0;
        }
        CLK = 0;   //发送一个同步时钟信号
        CLK = 1;
```

任务 3

```
    }
}
/ * * * * * * * * * * *延时函数* * * * * * * * * * * * * */
void delay(uint x)
{uchar k;
while(x - - )
for(k = 0;k<255;k + +);
}
```

4. 仿真操作

(1) 装入 HEX 文件，单击界面左下方的"运行"按钮。

(2) 仔细观察电路图及运行结果。

提高训练

编写一个可实现使发光二极管有 5 种花样的程序。

相关知识 1   循环结构程序设计

相关知识

循环结构是结构化程序设计的基本结构之一，熟练掌握循环结构和选择结构的使用是程序设计最基本的要求。下面就介绍几种构成循环的语句：

(1) 用 while 语句实现循环。

(2) 用 do～while 语句实现循环。

(3) 用 for 语句实现循环。

一、用 while 语句实现循环

1. while 语句构成的循环

(1) while 语句的一般形式。

　　　　while（关系表达式）

　　　　{   循环体；}

(2) while 语句的执行过程。当程序执行到 while 语句时，先对关系表达式进行判断，当表达式为"真"（非 0）时，执行循环体；当表达式为"假"（0）时，则终止循环。如图 2-5 所示。

(3) 特点。先判断表达式，后执行循环体。

(4) 对 while 语句使用的说明。

1) 循环体内可以是一个语句，也可以是多个语句，如果是多个语句必须用花括号 ｛｝将其括起来。

2) 循环体内应有使循环趋于结束的语句。

3) 循环体有可能一次也不执行。

如有以下程序段：

　　　　i = 0;

　　　　while(i> = 10)

　　　　{…};

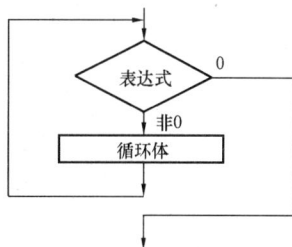

图 2-5　while 语句执行过程

任务 3

4）循环体内的语句可为任意类型语句。

5）循环体内有 break 语句时将退出循环。

6）如果关系表达式的值为常量，则使程序陷入死循环。

例如：while (1)

        {······}

2. do-while 语句构成的循环

（1）do-while 语句一般形式。

do

{

    循环体；

} while（关系表达式）；

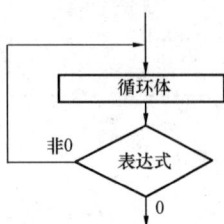

图 2-6　do-while
语句执行过程

（2）do-while 语句的执行过程。当执行到 do 语句时，先执行循环体，然后再对关系表达式进行判断，当表达式为"真"（非 0）时，再执行循环体，直到表达式为"假"（0）时，终止循环，如图 2-6 所示。

（3）特点。先执行循环体，后判断表达式。

（4）对 do-while 语句使用的说明。至少可执行一次循环体，其他的使用说明事项同 while 语句使用的说明。

二、用 for 语句实现循环

1. for 语句一般形式

for（表达式 1；表达式 2；表达式 3）

  {

    循环体；

  }

2. for 语句的执行过程

当执行到 for 语句时：

（1）执行表达式 1。

（2）对表达式 2 进行判断，当表达式为"真"（非 0）时，执行循环体。

（3）再执行表达式 3。

（4）再对表达式 2 进行判断，如果为"真"（非 0）再执行表达式 3，如果为"假"（0）时，终止循环执行循环体，如图 2-7 所示。

例如：用 for 语句实现，求所有能被 3 整除且有一位 3 的所有的 3 位整数（如 132 能被 3 整除，且十位数是 3）。

源程序：

```
#include<stdio. h>
void main()
{    int n,a,b,c;
        for(n=100;n<=999;n++)
          { if(n%3==0)
          {   a=n/100;        /*求出百位*/
        b=n/10%10;    /*求出十位，或 b=n/10-a*10
*/
```

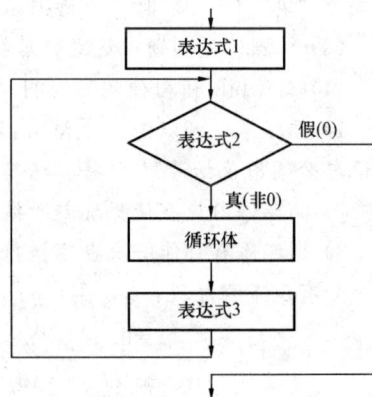

图 2-7　for 语句执行过程

```
    c=n%10;         /*求出个位,或c=n-a*100-b*10*/
                if(a= =3‖b= =3‖c= =3)
                    printf("%d\t",n);
        }
        }printf("\n");}
```

3. 对 for 语句使用的说明

(1) for 语句可以转换成 while 结构。

for（表达式1；表达式2；表达式3）　　　　表达式1；
{　　　　　　　　　　　　　　　　　　　　while（表达式2）

⟹

　　　　　　　　　　　　　　　　　　　　{

　　循环体：　　　　　　　　　　　　　　　　循环体；
}　　　　　　　　　　　　　　　　　　　　　表达式3；

　　　　　　　　　　　　　　　　　　　　}

(2) for 语句中表达式1一般为循环变量赋初值；表达式2一般为循环条件；表达式3一般为循环变量增值。

(3)（表达式1；表达式2；表达式3）可为任意类型，且可部分省略或全部省略，但分号";"不可省。

(4) 当语句写为 for（;;）时，无限循环。相当于 while（1）。

(5) 循环体可为任意类型语句。

4. 多层循环的嵌套

在许多情况下使用一层循环是不能完成任务的，而往往需要一个循环里面又套一个或多个循环才能完成任务。通常把一个循环里面又套一个或多个循环的结构称为循环的嵌套。循环嵌套就是在一个循环体里面有一个带循环的复合语句。

三种循环（while、do-while 和 for 循环）可以互相嵌套。如下面几种：

```
(1)  while()
     {  while()
        {   …… }
        ……
     }
(2)  do
        {   ……
do
        {  …… }while( );
        ……
     }while( );
(3)  while()
     {……
do
     {  …… }while( );
      …….
}
```

(4) for(;;)
    {
      for(;;)
      { … … }
    }

三、continue 与 break 语句在循环中的使用

1. break 语句

(1) 功能。出现在循环语句中，终止并跳出循环体。

(2) 说明。

1) break 不能用于循环语句和 switch 语句之外的任何其他语句之中。

2) break 只能终止并跳出最近一层的结构。如图 2-8～图 2-10 所示。

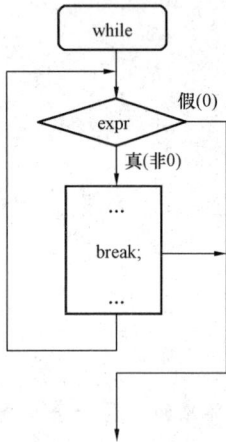

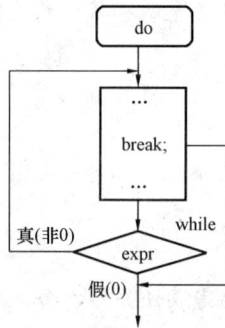

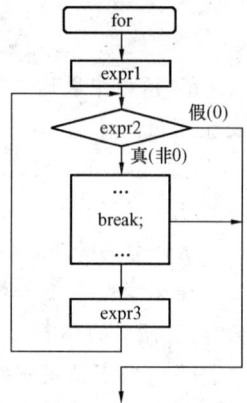

图 2-8　break 在 while 中的使用　图 2-9　break 在 do-while 中的使用　图 2-10　break 在 for 中的使用

(3) break 的使用。计算长为 2，半径 1～10 的圆柱体的体积，直到体积大于 300 为止。

源程序：

```
#include "stdio.h"
#define PI 3.14159
void main()
{
    int r,l = 2;
    float v;
    for(r = 1;r < = 10;r + + )
    {   v = PI * r * r * l;
        if(v > 300)break;
        printf("r = %d,v = %.2f \n",r,v);
    }
}
```

2. continue 语句

(1) 功能。continue 语句出现在循环体内，结束本次循环，跳过循环体中尚未执行的语句，进行下一次是否执行循环体的判断。

(2) 说明。continue 语句仅用于循环语句中。如图 2-11～图 2-13 所示。

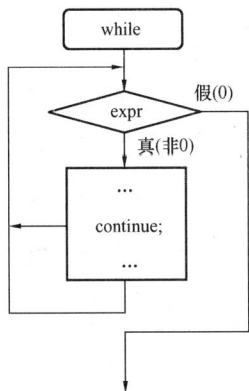

图 2-11　continue
在 while 中的使用

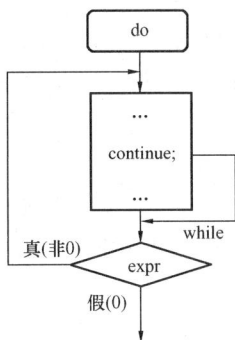

图 2-12　continue
在 do-while 中的使用

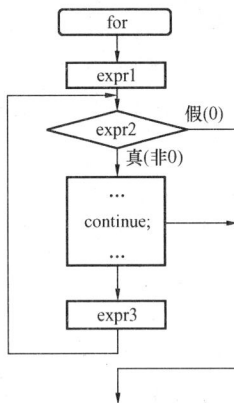

图 2-13　continue
在 for 中的使用

（3）continue 的应用。求 100～200 之间所有不被 5 整除的数。

源程序：

```
#include "stdio.h"
void main()
{
    int r;
    for(r=100;r<=200;r++)
    {
        if(r%5==0) continue;
        printf("%d\n",r);
    }
}
```

相关知识 2　函　数

C 源程序是由函数组成的，由一个主函数和若干个其他函数构成。运行时，程序是从主函数（main 函数）开始执行到 main 函数终止行结束运行。主函数调用其他函数，其他函数也可以互相调用，同一个函数可以被一个或多个函数调用任意多次。程序中的函数可以是系统库函数［C语言提供了极为丰富的库函数。如前面章节中用到的 printf（）、scanf（）、strcpy（）、strcmp（）等］，也可以是我们根据实际需要建立的自定义函数。

其实，C 语言结构化程序设计的特点就是对函数的设计。通过函数，能实现模块化程序设计。在实际应用中一般较大的 C 语言应用程序，往往都是把一些逻辑功能完全独立或相对独立的程序段设计成一个函数，这样 C 程序就由多个函数组成，每个函数分别对应各自的功能模块，以便于软件的开发，测试、维护。另外，函数用于把较大的任务分解成若干个较小的任务，使程序人员可以在其他函数的基础上构造程序，而不需要从头做起。

在 C 语言中函数可分为库函数和自定义函数两种。

库函数由 C 系统提供，用户无须定义，也不必在程序中作类型说明，只需在程序前包含有该函数原型的头文件即可在程序中直接调用。如在前面各章的例题中反复用到的 printf、scanf、 getchar、putchar、gets、puts 等函数，只要在程序中用 "♯ include" 命令将它们的头文件 "stdio. h" 包含到程序中就可以直接调用它们。

自定义函数是用户按自己的需要而写的函数（也称为用户定义函数）。对于自定义函数，不仅要在程序中定义函数本身，而且在调用函数模块中还必须对该被调函数进行类型说明，然后才能使用。

函数与变量类型

1. 被调函数的定义和声明

（1）被调函数的定义。被调函数的定义是指对被调函数功能的确立，指定被调函数名、函数值类型、形参及其类型、参数个数等，它们是一个完整的独立的函数单位。函数的定义分为无参函数、有参函数和空函数，下面分别介绍。

1）无参函数的定义形式。

函数类型声明符　函数名（）
{
　类型声明部分
　语句部分　　　　　　}　函数体
}

其中类型声明符和函数名称为函数头。类型声明符指明了函数值的类型，函数的类型实际上是函数返回值的类型。函数名是我们定义的标识符，函数名后有一个空括号（），表示没有参数，但不可少。{}中的内容称为函数体。在函数体中也有类型说明，这是对函数体内部所用到的变量的类型说明。当不要求无参函数有返回值时，只要把函数类型声明符写为 void 即可。

2）有参函数的定义形式。

函数类型声明符 函数名（形参类型 1［形式参数 1］，形参类型 2［形式参数 2］，…）
{
　　类型声明部分
　　语句部分
}

例如：int　max(int x, int y)
　　　{　……}

3）空函数的定义

类型声明符 函数名()
{ }

上面我们已讲了，在程序设计中往往根据需要把一个程序分为若干个模块，分别用函数来实现。而在实际的设计过程中，设计是分阶段的，第一阶段设计一些功能模块，还有些功能模块放在以后需要时陆续扩充，这时在编写程序的初始阶段就可以在将来准备扩充功能的位置上定义一个空函数。空函数在现实的程序设计中用途是很大的。

（2）函数原型的声明。在 ANSI C 新标准中，采用函数原型方式对被调用函数进行说明。

1）函数的原型声明语句的一般形式：

函数类型　函数名（数据类型［　参数名］［，数据类型［　参数名 2］…］）；

2）函数原型声明的作用。主要是利用他在程序的编译阶段对调用函数的合法性进行检查。

3）说明：

a）被调用函数的函数定义出现在调用函数之前，编译系统已经知道了被调用函数的函数类型、参数个数、类型和顺序，可以不对函数原型声明。

b）被调用函数的函数定义出现在调用函数之后，则要预先对函数原型进行声明。如在 "任务 7" 的程序中，在调用函数之前就对函数原型进行声明，系统在编译时就记录下了被调函数的有关信息,在调用函数时就可以正确的检查了。也就是说,调用函数的类型、参数的个数及类型与函数原型声明时的信息一致可通过编译。调用函数的类型、参数的个数及类型与被调函数原型声明、被调函数的定义时的信息一致可以通过连接。

2. 函数的调用及参数

(1) 函数的调用。在 C 语言程序中可以有两种被调函数供调用函数调用,一种是自定义函数,另一种就是 C 提供的库函数。C 语言提供的库函数极为丰富,从功能角度可把这些库函数分为如下几类。

1) 字符类型函数。用于对字符按 ASCII 码分类:字母,数字,控制字符,分隔符,大小写字母等。

2) 转换函数。用于字符或字符串的转换;在字符量和各类数字量(整型、实型等)之间进行转换;在大、小写之间进行转换。

3) 目录路径函数。用于文件目录和路径操作。

4) 诊断函数。用于内部错误检测。

5) 图形函数。用于屏幕管理和各种图形功能。

6) 输入输出函数。用于完成输入输出功能。

7) 接口函数。用于与 DOS、BIOS 和硬件的接口。

8) 字符串函数。用于字符串操作和处理。

9) 内存管理函数。用于内存管理。

10) 数学函数。用于数学函数计算。

11) 日期和时间函数。用于日期,时间转换操作。

12) 进程控制函数。用于进程管理和控制。

13) 其他函数。用于其他各种功能。

库函数的调用我们在前面的程序中已用过,如 printf ()、_crol_ () 等。以上各类函数不仅数量多,而且有的还需要硬件知识才会使用,因此要想全部掌握则需要一个较长的学习过程。应首先掌握一些最基本、最常用的函数,再逐步深入。由于篇幅关系,本书只介绍了很少一部分库函数,其余部分可根据需要查阅有关手册。本节只介绍自定义函数的调用。

在程序的设计中,由于实际需求的不同,函数调用的方式也有所不同。函数的调用方式有下面几种:

1) 函数作为语句。

例如:在"任务 7"的程序中,调用函数 led1 ();send (x);在程序中作为一个语句。

2) 函数作为表达式。

例如:k=key ();

3) 函数作为函数的参数。

例如:max (c, max (a, b))

4) 函数的嵌套调用。C 语言中不允许作嵌套的函数定义,因此各函数之间是平行的,不存在上一级函数和下一级函数的问题。但是 C 语言允许在一个函数的定义中出现对另一个函数的调用。这样就出现了函数的嵌套调用,即在被调函数中又调用其他函数。这与其他语言的子程序嵌套的情形是类似的。其关系可表示如图 2-14 所示。

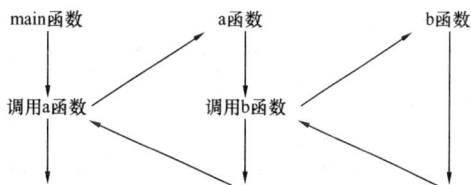

图 2-14　函数调用嵌套

55

图 2-14 表示了两层嵌套的情形。其执行过程是：执行 main 函数中调用 a 函数的语句时，即转去执行 a 函数，在 a 函数中调用 b 函数时，又转去执行 b 函数，b 函数执行完毕返回 a 函数的断点继续执行，a 函数执行完毕返回 main 函数的断点继续执行。

（2）函数的参数。前面已接触到了函数的参数，可分为形参和实参两种。

形参出现在被调函数的函数定义中，在整个被调函数体内都可以使用，离开该函数则不能使用。实参出现在调用函数中，离开被调函数后，实参变量也不能使用。形参和实参的作用是数据传递。发生函数调用时，调用函数把实参的值传送给被调函数的形参从而实现调用函数向被调函数的数据传递。

实参可以是变量、数组元素、数组名、指针或函数（这些将在后面章节中介绍），而形参可以是变量或数组名、指针或函数。

1）变量作为实参。

如任务程序中 led 是实参，a 是形参。

Void main()

{

　……

send(led); 　　//调用串行发送数据函数

　……

void send(uchar a)

{

　……

}

变量作为函数的实参传递给形参是以值传递的，形参改变不影响实参。

2）数组元素作为函数的实参。数组元素作为实参与变量作为实参一样，是以值传递数据的。程序中实参是数组元素 num [i]，传递给形参 x。形参 x 的值变化不影响数组元素 num [i]。

3）数组名作为参数：

a）一维数值数组名作为实参。以数组名作为实参传递给形参的数据是数组的地址（按址传递），形参也必须是数组。例如实参 array1 传递给形参 array2 的是数组 array1 的首地址。实参和形参共用同一存储区域。当形参的值改变时，实参的值也跟着改变。

b）用多维数值数组名作为函数的实参。多维数组名作为实参与一维数组相似，只是对函数原型声明及定义时，可以指定每一维的大小，省略一维不指定。

4）字符数组名作为实参。一维字符数组名作为实参与一维数值数组一样，多维字符数组名作为实参与多维数值数组一样。

数组的参数的传递，在后面的项目中会用到。

5）数组名作为参数说明。

a）用数组名作函数的实参，应该在调用函数和被调用函数中分别定义数组，且数据类型必须一致，否则结果将出错。

b）C 编译系统对形参数组大小不作检查，所以形参数组可以不指定大小。例如：形参数组 array2 []。

c）如果指定形参数组的大小，则实参数组的大小必须形参数组的大小相等，否则因形参数组的部分元素没有确定值而导致计算结果错误。

3. 函数的返回值和 return 语句

（1）函数的返回值。函数的返回值分为有返回值和无返回值两种情况。

1）有返回值函数：此类函数被调用执行完后将向调用函数返回一个执行结果，称为函数返回值。由我们自己定义的这种有返回函数值的函数，必须在函数定义和函数说明中明确返回值的类型。

2）无返回值函数：此类函数用于完成某项特定的处理任务，执行完成后不向调用函数返回函数值。由于函数无须返回值，可在定义此类函数时指定它的返回为"空类型"，空类型的说明符为"void"。

（2）函数值返回语句（return 语句）。

1）return 语句的一般形式。

        return [表达式];

        或：return（[表达式]）;

2）return 语句的功能。从被调函数返回到调用函数的调用点，如有返回值将其返给调用函数。函数的返回值实际上是通过 return 语句获得的，有一下几种使用方法：

a）获取参数并有返回值。

例如：float sum(float array[ ], int x)

       {……. ; return s; }   /∗获取了参数,有返回函数值 s∗/

b）获取参数没有返回值。

例如：void   send(uchar a)

       {

           ……

           return;

       }   /∗获取了参数,但没有返回值∗/

c）没有获取参数有返回值。

例如：int max( )

       { int a = 2, b = 3; int m; m = (a>b?a:b);

        return m;

       } /∗没有获取参数,返回函数值 m∗/

d）没有获取参数也没有返回值。

例如：void led( )

       {

           ……

           return;

       }   /∗没有获取参数,也没有返回值∗/

相关知识

相关知识 3　74LS164 的工作原理

一、74LS164 内部结构

74LS164 是一个串入并出的 8 位移位寄存器，常用于单片机系统中。内部结构图如图 2-15 所示。当清除端（CLEAR）为低电平时，输出端（$Q_A \sim Q_H$）均为低电平。串行数据输入端（A、B）可控制数据。当 A、B 任意一个为低电平，则禁止新数据输入，在时钟端（CLOCK）脉冲上升沿作用下 Q_0 为低电平。当 A、B 有一个为高电平，则另一个就允许输入数据，并在

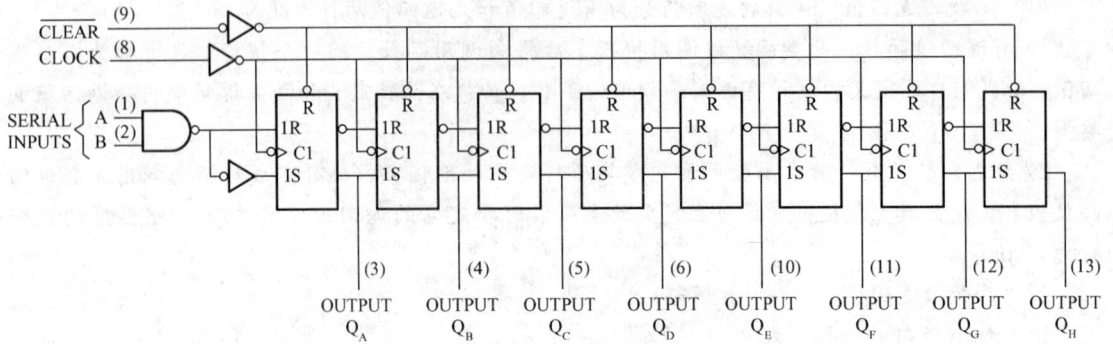

图 2-15　74LS164 内部逻辑

CLOCK 上升沿作用下决定 Q_0 的状态。

二、主要参数及特点

（1）串行输入带锁存。

（2）时钟输入，串行输入带缓冲。

（3）异步清除。

（4）最高时钟频率可高达 36MHz。

（5）功耗：10mW/bit。

（6）74 系列工作温度：0～70℃。

（7）Vcc 最高电压：7V。

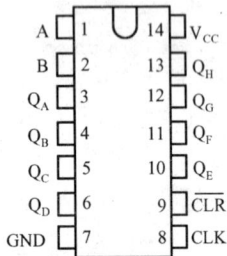

图 2-16　74LS164 引脚

$Q_A \sim Q_H$：输出端

3. 74LS164 逻辑表

（8）输入最高电压：7V。

（9）高电平：－0.4mA。

（10）低电平：8mA。

三、74LS164 引脚

1. 引脚图（见图 2-16）

2. 引脚功能

CLOCK：时钟输入端

CLEAR：同步清除输入端（低电平有效）

A、B：　串行数据输入端

表 2-6 真 值 表

INPUTS				OUTPUTS			
$\overline{\text{CLEAR}}$	CLOCK	A	B	Q_A	Q_B	...	Q_H
L	X	X	X	L	L		L
H	L	X	X	Q_{A0}	Q_{B0}		Q_{H0}
H	↑	H	H	H	Q_{An}		Q_{Gn}
H	↑	L	X	L	Q_{An}		Q_{Gn}
H	↑	X	L	L	Q_{An}		Q_{Gn}

说明：

H：高电平；

L：低电平；

X：任意电平；

↑：低到高电平跳变；

Q_{A0}，Q_{B0}，Q_{H0}：规定的稳态条件建立前的电平；

Q_{An}，Q_{Gn}：时钟最近的↑前的电平。

4. 74LS164 的时序图

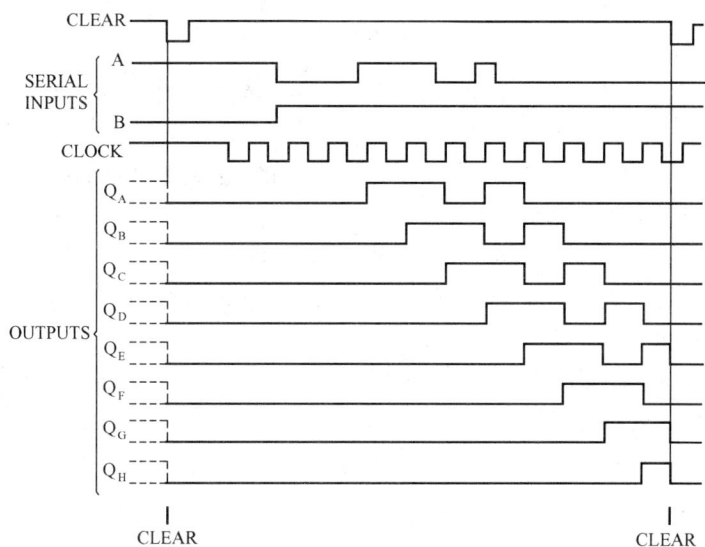

图 2-17　时序图

巩固与提高

（1）程序中串行移位发送可不可以向右移？如果可以，如何修改程序［循环右移函数为 _ cror _（ ）］？

（2）还有其他的方式点亮五环吗？

项目三 数字电压表的 设计与仿真

一、项目设计目标

1. 预期目标

在 PROTUES 仿真软件下实现基于 0808 模/数转换器的测试电压的仿真。

2. 促成目标

(1) 通过在 PROTUES 软件环境下仿真 0808 模/数转换器的测试电压的过程，熟悉 0808 模/数转换器工作原理及其与单片机的接口方法。

(2) 熟知 0808 模/数转换器在单片机中的使用及 C 程序设计方法。

(3) 掌握数码管的使用、C 语言的数组的使用及 C 程序的设计。

二、项目设计任务

(1) 能用 ADC0808 模/数转换器，并正确地将 ADC0808 与单片机连接。

(2) 能设计出实现电路图及 C 程序。

(3) 能调试并运行程序。

(4) 会创建 HEX 文件。

(5) 能将 HEX 文件装入单片机，并进行仿真。

三、项目设计方案

1. 仿真电路设计方案

(1) 电压测试时将模拟量转换为数字量在数码管上显示出来，用 4 位共阴极的数码管作为显示电路，P1 口输出段码，P20～P23 分别作为控制数码管的位码，即 4～1 四个位。

(2) 模/数转换使用 ADC0808 模/数转换器，ADC0808 的模拟通道选择端 C、B、A 分别与 P37、P36、P35 相连接；启动 START 信息号线与 P30 连接；OE 线与 P31 连接；EOC 与 P32 连接；CLK 时钟输入端与 P33 连接。

(3) 可调电阻和电压源组成模拟量输入电路，输入端与 ADC0808 的 1 通道 IN0 模拟量输入端连接，如图 3-1 所示。

(4) 根据 ADC0808 的参数要求，参考电压选为 5V。

2. 程序设计方案

程序功能：当调整可调电阻改变输入模拟电压时，从数码管上显示所转换得到的数字量值。

四、项目实施过程

(1) 在 PROTUES 环境下打开光盘中的"项目三"文件夹中的"P3. DSN"文件，进入如图 3-1 所示的界面。

(2) 单击界面左下方播放器的"Play"按钮，左右滑动可调电阻，仔细观察电路中电压指示表、IN0 模拟量输入端的模拟电压的变化，与数码管上显示的数字量是否一致，记录所看到的运行过程。

(3) 如何才能实现 A/D 转换的呢？

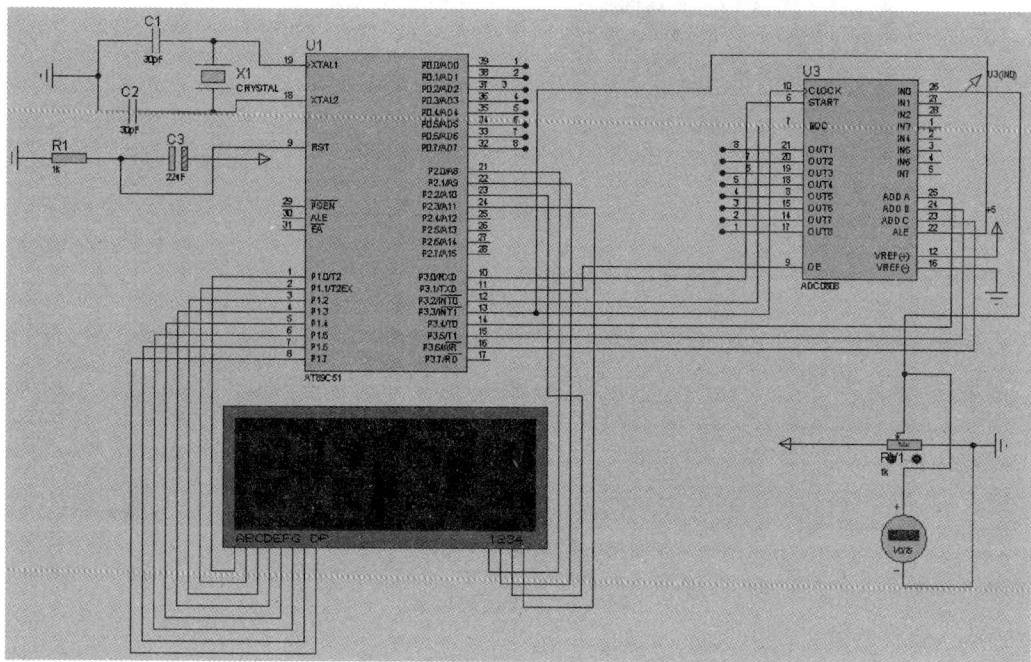

图 3-1　基于 ADC0808 的电压测试

要实现 A/D 转换，只需要根据电路图编制 C 程序，控制 ADC0808 进行模/数转换，而且转换的数字量能在数码管上正确显示出来即可。

下面我们就一步步实现吧。

任务 1　在四位共阴极数码上显示"2 3 5 8"四个数字

任务目标

理解数码管动态扫描静态显示的工作原理，掌握数码显示数字的 C 程序设计的方法，从而熟悉 C 语言的数组的使用方法。

任务实施

1. 设计仿真电路图

（1）根据表 3-1，在 PROTUES 元件中选择元件。

表 3-1　　　　　　　　　　　　　元 件 表

元 件 名 称	所 属 类	所 属 子 类
AT89C51（单片机）	Microprocessor ICs	8051Family
7SEG-MPX4-CC-BKUE	Optoelectronics	7-Segment-Display

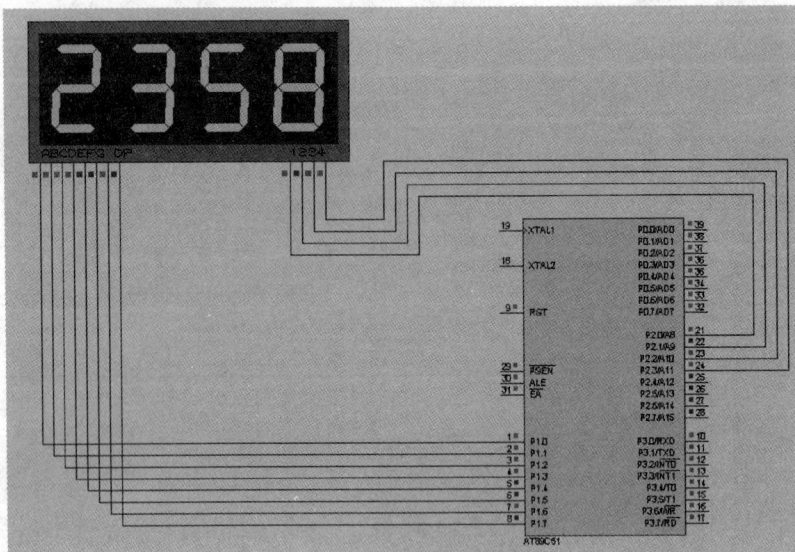

图 3-2　4 位数码显示

(2) 设计图 3-2 所示的电路图。

(3) 保存文件名为"4 位数码显示"的仿真电路图文件。

2. 程序设计分析

如图 3-2 所示，4 个共阴极的数码管的段码线共同接到单片机 P1 口的 8 个引脚上。当 P1 口输出"0x00"即"00000000B"时数码管全部不亮，当 P1 口输出相应的段码时，某位上数码管显示相应的显示码。至于在哪个位上显示，要看 P2 口对应位的控制。例如在 P1 口输出段码 0x5b，P2 口输出 0x0d，即 P21 为低电平（P21＝0，数码管是共阴极的），则第二位显示数码。

共阴极数码管显示"0～9，A～F"对应段码表为：

"0x3f, 0x06, 0x5b, 0x4f, 0x66, 0x6d, 0x7d, 0x07, 0x7f, 0x6f,

0x77, 0x7c, 0x39, 0x5e, 0x79, 0x71"

如果将段码表在程序中放在一维数组中，数组名为 LedOfNum，即可定义：

```
uchar LedOfNum[ ] = {0x3f, 0x06, 0x5b, 0x4f, 0x66, 0x6d, 0x7d, 0x07, 0x7f,
                     0x6f, 0x77, 0x7c, 0x39, 0x5e, 0x79, 0x71}; //共阴
```

根据任务要求数码管显示"2358"，那么它们对应的段码及位控如表 3-2 所示。

表 3-2　　　　　　　　　　　　　　显示码与段码位码对应表

显 示 码	段 码	在数组中的位置	位 控 值
2	0x5b	2, LedOfNum[2]	P2=0x0e(P20=0)
3	0x4f	3, LedOfNum[3]	P2=0x0d(P21=0)
5	0x6d	5, LedOfNum[5]	P2=0x0b(P22=0)
8	0x7f	8, LedOfNum[8]	P2=0x07(P23=0)

由于 4 个数码管的段码都是由 P1 口提供，因此在某时刻只有一个数码管显示，其他 3 个不显示，这样要进行位码动态扫描，才能达到 4 个数码管都显示的效果。用下面程序段可以实现：

P1 = LedOfNum[2];P2 = 0x0e;delay(1);P1 = 0x00;

```
P1 = LedOfNum[3];P2 = 0x0d;delay(1);P1 = 0x00;
P1 = LedOfNum[5];P2 = 0x0b;delay(1);P1 = 0x00;
P1 = LedOfNum[8];P2 = 0x07;delay(1);P1 = 0x00;
```

或者:

```
P1 = LedOfNum[0];
P20 = 0;P21 = 1;P22 = 1;P23 = 1;
Delay(10);
P1 = 0x00;
P1 = LedOfNum[1];
P17 = 1;
P20 = 1;P21 = 0;P22 = 1;P23 = 1;
Delay(10);
P1 = 0x00;
P1 = LedOfNum[2];
P20 = 1;P21 = 1;P22 = 0;P23 = 1;
Delay(10);
P1 = 0x00;
P1 = LedOfNum[3];
P20 = 1;P21 = 1;P22 = 1;P23 = 0;
Delay(10);
P1 = 0x00;
```

3. 显示"2 3 5 8"四个数字的程序设计

操作步骤:

(1) 在 KEIL 下建立工程。

(2) 创建 C 程序文件,并添加到工程中。

(3) 编辑 C 程序。

C 源程序 1:// "Led_CC0. c"

```
#include <reg51.h>
#define uint unsigned int
#define uchar unsigned char
void delay(uint);
void LedScan(void); //数码管显示函数原型说明
uchar LedOfNum[] = {0x3f,0x06,0x5b,0x4f,0x66,0x6d,0x7d,0x07, 0x7f,0x6f,0x77,0x7c,0x39,0x5e,
                0x79,0x71}; //共阴,定义一维数组
/* * * * * * * * * * * * * * * * * * * 主函数 * * * * * * * * * * * * * * * * * * * */
void main(void)
{
  P2 = 0xff;
  while(1)
  {
    LedScan();
  }
}
```

```
/ * * * * * * * * * * * * * * * *数码显示函数* * * * * * * * * * * * * * * /
void LedScan(void)
  {
    uchar k;
    for(k = 0;k<150;k + +)
    { P1 = LedOfNum[2];P2 = 0x0e;delay(1);P1 = 0x00;
      P1 = LedOfNum[3];P2 = 0x0d;delay(1);P1 = 0x00;
      P1 = LedOfNum[5];P2 = 0x0b;delay(1);P1 = 0x00;
      P1 = LedOfNum[8];P2 = 0x07;delay(1);P1 = 0x00;
    }
  }
/ * * * * * * * * * * * * * * * * *延时函数* * * * * * * * * * * * * * * * * * /
void delay(uint x)
{uchar k;
  while(x - -)
  for(k = 0;k<125;k + +);
}
```

C源程序2://"Led _ CC1.c"

```
#include <reg51.h>
#define uint unsigned int
#define uchar unsigned char

void Delay(uint);
void LedScan(void);

uchar LedOfNum[ ] = {0x3f,0x06,0x5b,0x4f,0x66,0x6d,0x7d,0x07,0x7f,0x6f,0x77,0x7c,0x39,0x5e,
                0x79,0x71};  //共阴
sbit P20 = P2^0;
sbit P21 = P2^1;
sbit P22 = P2^2;
sbit P23 = P2^3;
sbit P17 = P1^7;
/ * * * * * * * * * * * * * * * * *主函数* * * * * * * * * * * * * * * * * * * /
void main(void)
{
  P2 = 0xff;

  while(1)
  {
    LedScan();
  }
}
/ * * * * * * * * * * * * * * * * * *数码显示函数* * * * * * * * * * * * * * * * /
void LedScan()
```

```
{
    P1 = LedOfNum[0];
    P20 = 0;
    P21 = 1;
    P22 = 1;
    P23 = 1;
    Delay(10);
    P1 = 0x00;
    P1 = LedOfNum[1];
    P20 = 1;
    P21 = 0;
    P22 = 1;
    P23 = 1;
    Delay(10);
    P1 = 0x00;
    P1 = LedOfNum[2];
    P20 = 1;
    P21 = 1;
    P22 = 0;
    P23 = 1;
    Delay(10);
    P1 = 0x00;
    P1 = LedOfNum[3];
    P20 = 1;
    P21 = 1;
    P22 = 1;
    P23 = 0;
    Delay(10);
    P1 = 0x00;
}
/ * * * * * * * * * * * * * * * * 延时函数 * * * * * * * * * * * * * * * * * * * /
void Delay(uint x)
{uchar k;
  while(x - - )
  for(k = 0;k<125;k + + );
}
```

4. 仿真操作

(1) 装入 HEX 文件，单击界面左下方的"运行"按钮。

(2) 仔细观察电路图及运行结果并思考，如果显示"8532"，程序如何修改？

任务2　在数码管上显示"0 4.1 7"

任务目标

进一步理解数码管动态的显示，掌握数码显示带小数点数字的C程序设计的方法，深入了解C语言的数组的使用方法。

任务实施

（1）打开"4位数码显示"仿真电路。

（2）程序分析：由项目三任务1分析可知，显示码、段码与位码对应关系如表3-3所示。

表3-3　　　　　　　　　　　显示码与段码位码对应表

显 示 码	段　　码	在数组中的位置	位控值
0	0x3f	0，LedOfNum[0]	P2＝0x0e(P20＝0)
4	0x66	4，LedOfNum[4]	P2＝0x0d(P21＝0)
1	0x06	1，LedOfNum[1]	P2＝0x0b(P22＝0)
7	0x07	7，LedOfNum[7]	P2＝0x07(P23＝0)

要在数字"4"后面显示小数点，必须P1口的P1.7为高电平，即P1.7＝1。程序只要在任务1程序的基础上稍加改动即可。程序段如下：

P1 = LedOfNum[2];P2 = 0x0e;delay(1);P1 = 0x00;

P1 = LedOfNum[3];P2 = 0x0d; P17 = 1;delay(1);P1 = 0x00;

P1 = LedOfNum[5];P2 = 0x0b;delay(1);P1 = 0x00;

P1 = LedOfNum[8];P2 = 0x07;delay(1);P1 = 0x00;

（3）编辑实现在数码管上显示"04.17"的完整程序。

（4）仿真操作。

1）装入HEX文件，单击界面左下方的"运行"按钮。

2）仔细观察电路图及运行结果。

提高训练

思考如果显示"1. 6 5 9"，程序如何修改？

任务3 实现基于0808模/数转换器的测试电压的仿真

 **任务目标**

（1）理解 ADC0808 工作原理，完成 ADC0808 的启动 C 程序的编制。

（2）完成将转换的数值转换为 BCD 码输出的 C 程序的编程。

（3）完成实现项目功能的应用 C 语言编程。

任务实施

1. 设计仿真电路图

（1）根据表3-4，在 PROTUES 元件中选择元件。

表 3-4 元 件 表

元 件 名 称	所 属 类	所 属 子 类
AT89C51（单片机）	Microprocessor ICs	8051Family
7SEG-MPX4-CC-BKUE	Optoelectronics	7-Segment-Display
POT-HG	Resistors	Variable

（2）设计图 3-1 所示的电路图。

在工具栏里点击"⬚"按钮，拿出电压源，如图 3-3 所示。

在工具栏里点击"⬚"按钮，拿出电压信号探头"⬚"，与 IN0 连接。如图 3-1 所示。

（3）电路图设计好后保存文件名为"电压测试"的仿真电路图文件。

2. 程序设计分析

（1）ADC0808 启动编程。

1）START 下降沿：启动开始 A/D 转换。

2）EOC 上升沿，即 EOC＝1 时，转换结束。

3）OE 上升沿，即 OE＝1 时，允许数据输出。

C 程序的实现：

```
/*引脚的定义*/

sbit STATR = P3^0;

sbit OE = P3^1;

sbit EOC = P3^2;

sbit CLK = P3^3;

/* 0808 转换模块*/
```

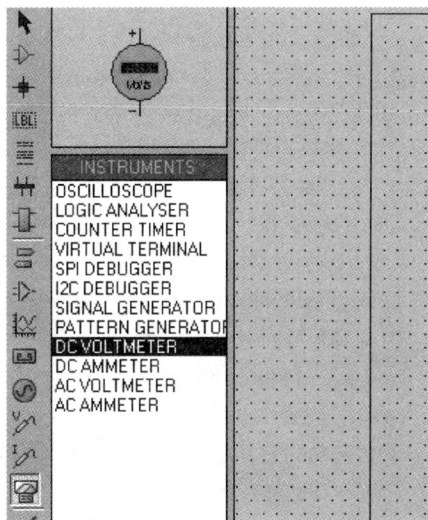

图 3-3 仿真表的选择

```
    STATR = 0;
    STATR = 1;
    STATR = 0;  //启动转换
      do{}while(!EOC);  //等待转换结束
      OE = 1;  //允许输出
      ADC _ data = P0;  //P0 口的转换数据送到变量 ADC _ data 中
      OE = 0;  //关闭输出
```

（2）求出 ADC0808 输出数值分析。根据 ADC0808 的工作原理 ADC0808/0809 的数字量输出值 D（换算到十进制）与模拟量输入值 V_{IN} 之间的关系如下

$$D = \frac{V_{IN} - V_{REF(-)}}{V_{REF(+)} - V_{REF(-)}}$$

通常 $V_{REF(-)} = 0V$，所以

$$D = \frac{V_{IN}}{V_{REF(+)}} \times 256$$

当 $V_{REF(+)} = 5V$，相应于 $V_{IN} = 0 \sim 4.98V$，$D = 0 \sim 255（00H \sim FFH）$。

所以 ADC0808/0809 的数字量输出值 D，换算到十进制为

```
temp = ADC _ data * 1.0/255 * 500;
```

（3）BCD 转换编程分析。

```
/ * BCD 转换模块 * /
  g = temp % 10;      //分出个位数
  s = temp/10 % 10;   //分出十位数
  b = temp/100 % 10;  //分出百位数
  q = temp/1000;      //分出千位数
```

或：

```
  q = temp/1000;      // 分出个位数
  b = temp /100;      //取百位
  a = temp % 100;
  s = temp /10;       // 取十位
  g = temp % 10;      取个位
```

（4）显示及时钟信号产生 C 程序。

```
/ * 时钟信号产生中断函数 * /
void T1 _ int(void) interrupt 3 using 0
{
  TH1 = (65536 - 200)/256;    //转换时间为 200μs
  TL1 = (65536 - 200) % 256;
  CLK = ~CLK;
}
```

3. 实现基于 ADC0808 的电压测试的程序设计

操作步骤：

（1）在 KEIL 下建立工程。

（2）创建 C 程序文件，并添加到工程中。

（3）编辑 C 程序。

C 源程序//"V _ Test. c"

```c
#include<reg51.h>
#define uchar unsigned char
#define uint unsigned int
uchar code LedOfNum[] =
{0x3f,0x06,0x5b,0x4f,0x66,0x6d,0x7d,0x07,0x7f,0xbf};
uchar ADC_data;
uint temp;
uchar g,s,b,q;     //定义个位、十位、百位、千位数字的变量
sbit STATR = P3^0;
sbit OE = P3^1;
sbit EOC = P3^2;
sbit CLK = P3^3;
sbit P34 = P3^4;
sbit P35 = P3^5;
sbit P36 = P3^6;

sbit P17 = P1^7;          //控制小数点段码位
void T1_Initial(void);    //对 T1 初始化函数原型说明
void Delay(uint x);       //延时函数原型说明
void T1_int(void);        //定时器 1 中断处理函数原型说明
void LedScan(void);       //数码管显示函数原型说明

/* * * * * * * * * * * * * * 主函数 * * * * * * * * * * * * * * * * * * * */
void main()
{
    T1_Initial();         //调用定时器 T1 初始化函数
    while(1)
    {
      STATR = 0;          //没有开始 A/D 转换
      OE = 0;             //不允许读转换数据操作
      STATR = 1;          //开始转换脉冲信号
      STATR = 0;
      P34 = 0;            //从 0 通道输入模拟量
      P35 = 0;
      P36 = 0;
      do{}while(!EOC);    //等待转换结束;查询转换结束,当 EOC = 1 时,转换结束
      OE = 1;             //OE 为高电平时,读取转换数据
      ADC_data = P0;      //P0 口的转换数据送到变量 ADC_data 中
      OE = 0;             //OE 为低电平时,关闭输出
      temp = ADC_data * 1.0/255 * 500;  //求出换算到十进制的数字量输出值
      g = temp % 10;      //分出个位数
      s = temp/10 % 10;   //分出十位数
      b = temp/100 % 10;  //分出百位数
      q = temp/1000;      //分出千位数
```

```
        LedScan();          //调用数码管显示函数
    }
}

/* * * * * * * * * * * * * * * *对T1初始化函数* * * * * * * * * * * * * */
void T1 _ Initial()
{TMOD = 0x10;
  TH1 = (65536 - 200)/256;//求T1高8位数
  TL1 = (65536 - 200)%256//求T1低8位数
  EA = 1;                 //开中断
  ET1 = 1;                //允许T1中断
  TR1 = 1;                //启动T1
}
/* * * * * * * * * * * * *定时器1中断处理函数* * * * * * * * * * * * * * */
void T1 _ int(void) interrupt 3 using 0
  {
    TH1 = (65536 - 200 )/256;    //转换时间为200μs(时钟频率为640Hz)
    TL1 = (65536 - 200 )%256;
    CLK = ~CLK;             //产生同步时钟信号
  }

/* * * * * * * * * * * * * *数码管显示函数* * * * * * * * * * * * * * * * */
void LedScan(void)
  {
    uchar k;
    for(k = 0;k<150;k + +)
    {P1 = LedOfNum[q];P2 = 0x0e;Delay(1);P1 = 0x00;
      P1 = LedOfNum[b];P17 = 1;P2 = 0x0d;Delay(1);P1 = 0x00;
      P1 = LedOfNum[s];P2 = 0x0b;Delay(1);P1 = 0x00;
      P1 = LedOfNum[g];P2 = 0x07;Delay(1);P1 = 0x00;
    }
  }
/* * * * * * * * * * * *延时函数* * * * * * * * * * * * * * * */
void Delay(uint x)
{
    uchar k;
    while(x - -)
    for(k = 0;k<125;k + +)
    {;}
}
```

4. 仿真操作

(1) 装入 HEX 文件，单击界面左下方的"运行"按钮。

(2) 滑动可调电阻，仔细观察电路中电压指示表、IN0 模拟量输入端的模拟电压的变化，与数码管上显示的数字量是否一致，记录所看到的运行过程。

提高训练

设计一个基于 ADC0808 转换的温度测试表。

相关知识

相关知识1 数 组

一、一维数组

（一）一维数组的定义和初始化

1. 一维数组的定义

在 C 语言中使用数组必须先进行定义。一维数组的定义方式为：

类型说明符　数组名　［常量表达式］

例如：int a［5］；

其中：

（1）类型说明符是任一种基本数据类型（int 型、float 型、char 型）或指针、结构体等数据类型（后面介绍）。

（2）数组名是用户定义的 C 语言合法的标识符，也代表数组第一个元素在内存中存放的位置。

（3）［］方括号中的常量表达式表示数据元素的个数，也称为数组的长度。

例如：

int array［10］；//说明整型数组 array，有 10 个元素

（4）数组名不能与其他变量名相同，

例如：

void main( )

{ int a；

　float a[10]；

　… …

} 　　　是错误的.

说明：

对于数组定义应注意以下几点：

1）数组的类型实际上是指数组元素的取值类型。对于同一个数组，其所有元素的数据类型都是相同的。

2）数组名的书写规则应符合 C 语言标识符的书写规定。

3）数组后面是用方括号［］括起来的常量表达式，不能用小括号（ ）。

例如：

float a（5）；是错误的。

4）方括号中常量表达式表示数组元素的个数，如 b［5］表示数组 b 有 5 个元素。但是其下标从 0 开始计算。因此 5 个元素分别为 b［0］，b［1］，b［2］，b［3］，b［4］。

5）不能在方括号中用变量来表示元素的个数，但是可以是符号常数或常量表达式。

例如：

```
#define FD 5
main()
{
int a[FD];
……
}
```

是合法的。

但是下述说明方式是错误的。

```
main()
{
int n=5;
int a[n];
……
}
```

6）允许在同一个类型说明中，说明多个数组。

例如：int k1[10]，k2[20]；

2. 一维数组的初始化

对数组元素的初始化的一般形式为：

类型说明符 数组名[常量表达式]={数据，数据，……，数据}；

其中：

在{ }中的各数据值即为各元素的初值，各数据之间用逗号间隔。

例如：int a[10]={ 0，1，2，3，4，5，6，7，8，9 }；

相当于 a[0]=0；a[1]=1…a[9]=9；

说明：

C 语言对数组的初始赋值还有以下几点规定：

1）将给数组各元素的初值必须依次的放在一对花括号{ }内。

2）可以只给部分元素赋初值。当{ }中数据的个数少于元素个数时，只给前面部分元素赋值。

例如：int a[10]={4，7，8，3，9}；

表示只给 a[0]~a[4]这 5 个元素分别赋了{4，7，8，3，5}5 个值，而后 5 个元素自动赋 0 值，即：a[0]=4，a[1]=7，a[2]=8，a[3]=3，a[4]=9，a[5]=0，a[6]=0，a[7]=0，a[8]=0，a[9]=0。

3）如使数组中全部元素均为 0 值，可写为：int a[10]={0}。

4）如给全部元素赋值，则在数组说明中，可以不给出数组元素的个数。

例如：int a[4]={1，2，3，4}；可写为：int a[]={1，2，3，4}；

5）只能给元素逐个赋值，不能给数组整体赋值。

例如：

给十个元素全部赋 1 值，只能写为：int a[10]={1，1，1，1，1，1，1，1，1，1}；而不能写为：int a[10]=1；

（二）一维数组的引用

当对数组定义后，就可引用它了。引用数组即逐个使用数组元素，而不是引用整个数组。引用数组中的任意一个元素的形式：

数组名[下标表达式]

说明：

(1)"下标表达式"中的下标只能为整型常量或整型表达式。

(2)特别强调：在运行 C 语言程序过程中，系统并不自动检验数组元素的下标是否越界因此在编写程序时，保证数组下标不越界是十分重要的。

(3)每个数组元素，实质上就是 1 个变量，它具有和相同类型单个变量一样的属性，可对它进行赋值和参与各种运算。

(4)在 C 语言中，数组作为 1 个整体，不能参加数据运算，只能对单个的元素进行处理。

【例 3-1】

```
#include<stdio.h>
void main()
{
  int i,a[10];
  for(i=0;i<=9;i++)          /* 本循环用于控制给 a 数组输入 10 个数 */
    a[i]=i;                  /* 将循环变量的值赋给数组各元素 */
  for(i=9;i>=0;i--)
    printf("%d",a[i]);       /* 输出 a 数组各元素的值 */
}
```

输出结果：

　　　0 1 2 3 4 5 6 7 8 9

二、二维数组

(一)二维数组的定义和初始化

前面介绍的数组只有一个下标，称为一维数组，其数组元素也称为单下标变量。在实际问题中有很多数组是二维的或多维的，因此 C 语言允许构造多维数组。多维数组元素有多个下标，以标识它在数组中的位置，所以也称为多下标变量。本小节只介绍二维数组。

1. 二维数组的定义

二维数组定义的一般形式是：

类型说明符 数组名[常量表达式1][常量表达式2]

其中，常量表达式1表示第一维下标的长度；常量表达式2表示第二维下标的长度。

例如：

int a[3][4];

说明了一个三行四列的数组，数组名为 a，其下标变量的类型为整型。该数组共有 3×4 个元素，即：

a[0][0], a[0][1], a[0][2], a[0][3]

a[1][0], a[1][1], a[1][2], a[1][3]

a[2][0], a[2][1], a[2][2], a[2][3]

二维数组在概念上是二维的，也就是说其下标在两个方向上变化，下标变量在数组中的位置也处于一个平面之中，而不是像一维数组那样只是一个向量。但是，实际的硬件存储器却是连续编址的，即存储器单元是按一维线性排列的。如何在一维存储器中存放二维数组，可有两种方式：一种是按行排列，即放完一行之后顺次放入第二行。另一种是按列排列，即放完一列之后再顺次放入第二列。在 C 语言中，二维数组一般是按行排列的。即：先存放 a[0]行，再存放 a[1]

行，最后存放 a[2]行。

每行中有四个元素也是依次存放。由于数组 a 说明为 int 类型，该类型占两个字节的内存空间，所以每个元素均占有两个字节，如图 3-4 所示。

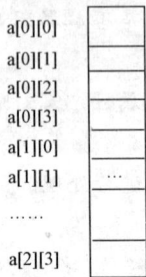

a[0][0]
a[0][1]
a[0][2]
a[0][3]
a[1][0]
a[1][1]   ···
······
a[2][3]

图 3-4 二维
数组元素

2. 二维数组的初始化

二维数组初始化也是在类型说明时给数组各元素赋以初值。可用下面的方法对二维数组赋初值。

例如：对数组 b[4][3]：

（1）按行分段赋值可写为：

int b[5][3] = { {80,75,92},{61,65,71},{59,63,70},{85,87,90} };

（2）按行连续赋值可写为：

int b[4][3] = { 80,75,92,61,65,71,59,63,70,85,87,90};

这两种赋初值的结果是完全相同的，第一种方法比第二种直观。

【例 3-2】 求二维数组各元素的平均数及各行元素的平均数。

```c
#include<stdio.h>
void main()
{
   int i,j,s = 0, average,v[4];
   int a[4][3] = {{80,75,92},{61,65,71},{59,63,70},{85,87,90}};
   for(i = 0;i<4;i+ +)
     { for(j = 0;j<3;j+ +)
       s = s + a[i][j];
       v[i] = s/3;     /* 求各行元素的平均数 */
       s = 0;
     }
   average = (v[0] + v[1] + v[2])/3;     /* 求各行元素的平均数 */
   printf("%d\n%d\n%d\n",v[0],v[1],v[2]);
   printf("total:%d\n", average);
}
```

输出结果：

        82
        65
        64
        total:70

（3）只对部分元素赋初值,未赋初值的元素自动取 0 值.

例如：

int a[3][3] = {{1},{2},{3}};

是对每一行的第一列元素赋值，未赋值的元素取 0 值。赋值后各元素的值为：

$$\begin{bmatrix} 1 & 0 & 0 \\ 2 & 0 & 0 \\ 3 & 0 & 0 \end{bmatrix}$$

int a [3][3]={{0, 1}, {0, 0, 2}, {3}};

赋值后的元素值为：

$$\begin{bmatrix} 0 & 1 & 0 \\ 0 & 0 & 2 \\ 3 & 0 & 0 \end{bmatrix}$$

(4) 如对全部元素赋初值，则第一维的长度可以不给出。

例如：int b[3][3]={1, 2, 3, 4, 5, 6, 7, 8, 9}；

可以写为：

int b[][3]={1, 2, 3, 4, 5, 6, 7, 8, 9}；

这样的写法能通知编译系统，数组共有3行，其各元素为：b[0][0]，b[0][1]，b[0][2]，b[1][0]，b[1][1]，b[1][2]，b[2][0]，b[2][1]，b[2][2]。

赋值后各元素的值为：

$$\begin{bmatrix} 1 & 2 & 3 \\ 4 & 5 & 6 \\ 7 & 8 & 9 \end{bmatrix}$$

(5) 数组是一种构造类型的数据。二维数组可以看作是由一维数组的嵌套而构成的。设一维数组的每个元素都又是一个数组，就组成了二维数组。当然，前提是各元素类型必须相同。根据这样的分析，一个二维数组也可以分解为多个一维数组。C语言允许这种分解。

如二维数组 a[3][2]，可分解为三个一维数组，其数组名分别为：

a[0]

a[1]

a[2]

对这三个一维数组不需另作说明即可使用。这三个一维数组都有4个元素，例如：一维数组 a[0]的元素为 a[0][0]，a[0][1]，a[0][2]，a[0][3]。

必须强调的是，a[0]，a[1]，a[2]不能当作数组元素使用，它们是数组名，不是一个单纯的数组元素。

(二) 二维数组的引用

二维数组的元素也称为双下标变量，其表示的形式为：

数组名[下标表达式][下标表达式]

其中，下标表达式应为整型常量或整型表达式。

例如：

a[3][4]

表示 a 数组三行四列的元素。

说明：下标变量和数组说明在形式中有些相似，但这两者具有完全不同的含义。数组说明的方括号中给出的是某一维的长度，即可取下标表达的最大值；而数组元素中的下标表达式是该元素在数组中的位置标识。前者只能是常量，后者可以是常量，变量或表达式。

相关知识

相关知识2　定时器/计数器(T/C)

80C51系列单片机至少有两个16位内部定时器/计数器，8052有三个定时器/计数器，其中有两个是基本定时器/计数器是定时器/计数器。它们既可以编程为定时器使用，也可以编程为计数器使用。

若是计数内部晶振驱动时钟，它是定时器；若是计数，80C51 的输入管脚的脉冲信号，它是计数器。

当 T/C 工作在定时器时，对振荡源 12 分频的脉冲计数，即每个机器周期计数值加 1，计数率＝1/12fosc。例当晶振为 12MHz 时，计数率＝1000kHz，即每 1μs 计数值加 1。当 T/C 工作在计数器时，计数脉冲来自外部脉冲输入管脚 T0(P3.4) 或 T1(P3.5)，当 T0 或 T1 脚上负跳变时计数值加 1。识别管脚上的负跳变需两个机器周期，即 24 个振荡周期。所以 T0 或 T1 脚输入的可计数外部脉冲的最高频率为 1/24fosc，当晶振为 12MHz 时，最高计数率为 500kHz，高于此频率将计数出错。

一、与 T/C 有关的特殊功能寄存器(SFR)

1. 计数寄存器 TH 和 TL

T/C 是 16 位的，计数寄存器由 TH 高 8 位和 TL 低 8 位构成。在特殊功能寄存器(SFR)中，对应 T/C0 为 TH0 和 TL0；对应 T/C1 为 TH1 和 TL1。定时器/计数器的初始值通过 TH1/TH0 和 TL1/TL0 设置。

2. 定时器/计数器控制寄存器 TCON

各位定义如下：

位地址	8FH	8EH	8DH	8CH	8BH	8AH	89H	88H
位符号	TF1	TR1	TF0	TR0	IE1	IT1	IE0	IT0

(1) IT0、IT1：外部中断 0、1 触发方式选择位，由软件设置。

1→下降沿触发方式，INT0/INT1 管脚上高到低的负跳变可引起中断；

0→电平触发方式，INT0/INT1 管脚上低电平可引起中断。

(2) IE0、IE1：外部中断 0、1 请求标志位。

当外部中断 0、1 依据触发方式满足条件，产生中断请求时由硬件置位（IE0/IE1＝1）。

当 CPU 响应中断时由硬件清除（IE0/IE1＝0）。

(3) TR0、TR1：启动定时/计数器 0、1。

(4) TF0、TF1：定时器/计数器 0、1（T/C0、T/C1）溢出中断请求标志。

当 T/C0、1 计数溢出时由硬件置位（TF0/TF1＝1）。

当 CPU 响应中断由硬件清除（TF0/TF1＝0）。

3. T/C 的方式控制寄存器 TMOD

功能：确定定时器的工作方式及功能选择。不能位寻址，TMOD 各位的定义如下：

位序	D7	D6	D5	D4	D3	D2	D1	D0
位符号	GATE	C/$\overline{T}$	M1	M0	GATE	C/$\overline{T}$	M1	M0

(1) GATE：门控位。

　　　＝0：定时器/计数器仅受 TR 的控制。

　　　＝1：只有 $\overline{INT}$ 为高电平，且 TR＝1 时，定时器/计数器才工作。

(2) C/$\overline{T}$：功能选择位。

　　　＝0：定时功能。

　　　＝1：计数功能。

(3) M1M0：工作方式选择位。

　　　＝00 方式 0。

=01 方式 1。

=10 方式 2。

=11 方式 3。

二、四种工作方式(见表 3-5)

表 3-5 工作方式

M1	M0	方式	功能
0	0	0	13 位定时器/计数器，TL 是低 5 位，TH 是高 8 位
0	1	1	16 位定时器/计数器
1	0	2	常数自动重装的 8 位定时器/计数器
1	1	3	仅用于 T/C0，是两个 8 位定时器/计数器

三、T/C 工作方式的说明

1. 方式 0

当 TMOD 中 M1M0=00 时，T/C 工作在方式 0。

方式 0 为 13 位的 T/C，由 TH 的高 8 位、TL 的低 5 位的计数值，满计数值 2^{13}，但启动前可以预置计数初值。

若 T/C 开中断(ET=1)且 CPU 开中断(EA=1)时，则定时器/计数器溢出时，CPU 转向中断服务程序时，且 TF 自动清 0。

2. 方式 1

当 TMOD 中 M1M0=01 时，T/C 工作在方式 1。

方式 1 与方式 0 基本相同。唯一区别在于计数寄存器的位数是 16 位的，由 TH 和 TL 寄存器各提供 8 位，满计数值为 2^{16}。

3. 方式 2

当 TMOD 中 M1M0=10 时，T/C 工作在方式 2。

方式 2 是 8 位的可自动重载的 T/C，满计数值为 2^8。

在方式 0 和方式 1 中，当计数满后，若要进行下一次定时/计数，须用软件向 TH 和 TL 重装预置计数初值。

方式 2 中 TH 和 TL 被当作两个 8 位计数器，计数过程中，TH 寄存 8 位初值并保持不变，由 TL 进行 8 位计数。计数溢出时，除产生溢出中断请求外，还自动将 TH 中初值重装到 TL，即重装载。

4. 方式 3

方式 3 只适合于 T/C0。当 T/C0 工作在方式 3 时，TH0 和 TL0 成为两个独立的 8 位计数器。

四、定时器/计数器的初始化

在使用 8051 的定时器/计数器前，应对它进行编程初始化，主要是对 TCON 和 TMOD 编程；计算和装载 T/C 的计数初值。一般完成以下几个步骤：

(1) 确定 T/C 的工作方式——编程 TMOD 寄存器。

(2) 计算 T/C 中的计数初值，并装载到 TH 和 TL。

(3) T/C 在中断方式工作时，须开 CPU 中断和源中断——编程 IE 寄存器。

(4) 启动定时器/计数器——编程 TCON 中 TR1 或 TR0 位。

五、定时器/计数器的初值计算

在定时器方式下，T/C是对机器周期脉冲计数的，若 fosc＝12MHz，一个机器周期为 $12/fosc＝1\mu s$，则：

方式0 13位定时器最大定时间隔$＝2^{13}\times 1\mu s＝8.192ms$；

方式1 16位定时器最大定时间隔$＝2^{16}\times 1\mu s＝65.536ms$；

方式2 8位定时器最大定时间隔$＝2^{8}\times 1\mu s＝256\mu s$。

如，若使 T/C 工作在定时器方式1，要求定时 1ms，求计数初值。设计数初值为 x，则有

$$(2^{16}-x)\times 1\mu s＝1000\mu s$$

或

$$x＝2^{16}-1000$$

因此，TH、TL可置-1000；

即：

TH$＝-1000/256$；TL$＝-1000\%256$。

对一般 fosc 有下列公式（设定时间为 timeμs）

$$(2^{16}-x)\times 12/fosc＝time\ \mu s$$

【例 3-3】 设单片机的 fosc＝12MHz，要求在 P1.0 脚上输出周期为 2ms 的方波。采用查询方式。

```
#include <reg51.h>
sbit P1_0 = P1^0;
void main(void)
  { TMOD = 0x01; TR0 = 1;
    for(;;)
      {
          TH0 = (65535 - 1000)/256;
          TL0 = (65535 - 1000) % 256;
          do {} while(!TF0);
          P1_0 = !P1_0;
          TF0 = 0;
      }
  }
```

相关知识

相关知识3 中　　断

一、中断

在CPU与外设交换信息时，存在着一个快速的CPU与慢速的外设之间的矛盾。为解决这个问题，发展了中断的概念。

单片机在某一时刻只能处理一个任务，当多个任务同时要求单片机处理时，这一要求应该怎么实现呢？通过中断可以实现多个任务的资源共享。

中断现象在现实生活中也会经常遇到，例如，一个人在看书时手机响了，于是在书上作个记号后去接通电话和对方聊天，谈话结束后，从书上的记号处继续看书。这就是一个中断过程。通过中断，一个人在一特定的时刻，同时完成了看书和打电话两件事情。用计算机语言来描述，所谓的中断就是，当CPU正在处理某项事务的时候，如果外界或者内部发生了紧急事件，要求CPU暂停正在处理工作而去处理这个紧急事件，待处理完后，再回到原来中断的地方，继续执

行原来被中断的程序,这个过程称作中断。

从中断的定义我们可以看到中断应具备中断源、中断响应、中断返回这样三个要素。中断源发出中断请求,单片机对中断请求进行响应,当中断响应完成后应进行中断返回,返回被中断的地方继续执行原来被中断的程序。中断过程可用图 3-5 来描述。

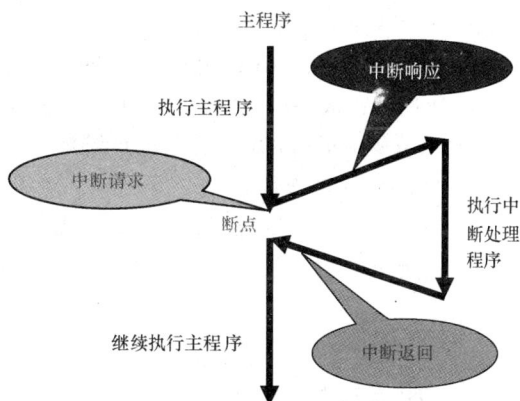

图 3-5 中断过程

二、中断源

引起中断的原因或触发中断请求的来源称为中断源。8051(80C51)共有 5 个中断源,分别是外部中断 2 个、定时中断 2 个和串行中断 1 个,它们是:

(1)外部中断 0:由 INT0(P3.2)提供,外部中断。

(2)外部中断 1:由 INT1(P3.3)提供,外部中断。

(3)T0 溢出中断:由片内定时/计数器 0 TF0 (TCON.7)提供。

(4)T1 溢出中断:由片内定时/计数器 1 TF1 (TCON.7)提供。

(5)串行口中断:由片内串行口 RI(SCON.1)/TI(SCON.0)提供。

注:8052 有 6 个中断源。

三、中断响应

8051 的 CPU 在每个机器周期采样各中断源的中断请求标志位,如果没有下述阻止条件,将在下一个机器周期响应被激活了的最高级中断请求:

(1)CPU 正在处理同级或更高级的中断。

(2)现行机器周期不是所执行指令的最后一个机器周期。

(3)正在执行的是 RETI 或是访问 IE 或 IP 的指令。

CPU 在中断响应后完成如下的操作:

(1)硬件清除相应的中断请求标志。

(2)执行一条硬件子程序,保护断点,并转向中断服务程序入口。

(3)结束中断时执行 RETI 指令,恢复断点,返回主程序。

8051 的 CPU 在响应中断请求时,由硬件自动形成转向与该中断源对应的服务程序入口地址,这种方法为硬件向量中断法。

四、中断服务程序的入口地址

编号	中 断 源	入口地址
0	外部中断 0	0003H
1	定时器/计数器 0	000BH
2	外部中断 1	0013H
3	定时器/计数器 1	001BH
4	串行口中断	0023H

79

各中断服务程序入口地址仅间隔8个字节,编译器在这些地址放入无条件转移指令跳转到服务程序的实际地址。

五、中断优先级及CPU响应中断的原则

(1)中断优先级(权)。在MCS-51系统中有多个中断源,有时会有多个中断源同时向CPU发出中断请求,这时CPU必须确定为中断服务的次序,先为哪个中断服务,后为哪个中断服务,把多个中断按轻重缓急排序。

(2)CPU响应中断的原则。先为优先高的服务,服务结束后,再处理优先低的。

同级优先级中断时MCS-51单片机默认的处理顺序:

$$高 \xrightarrow{\quad INT0 \to T0 \to INT1 \to T1 \to 串行口中断 \quad} 低$$

六、与中断有关的寄存器

1. 定时/计数器控制寄存器TCON

位地址	8FH	8EH	8DH	8CH	8BH	8AH	89H	88H
位符号	TF1	TR1	TF0	TR0	IE1	IT1	IE0	IT0

上面已介绍,在此不再赘述。

2. 串行口控制寄存器SCON

D7	D6	D5	D4	D3	D2	D1	D0
						TI	RI

(1)RI:串行口接收中断请求标志位。

当串行口接收完一帧数据后请求中断,由硬件置位(RI=1)RI必须由软件清"0"。

(2)TI:串行口发送中断请求标志位。

当串行口发送完一帧数据后请求中断,由硬件置位(TI=1)TI必须由软件清"0"。

3. 中断允许寄存器IE

D7	D6	D5	D4	D3	D2	D1	D0
EA		ET2	ES	ET1	EX1	ET0	EX0

(1)EX0、EX1:外部中断0、1的中断允许位。

1→外部中断0、1开中断;0→外部中断0、1关中断。

(2)ET0、ET1:定时器/计数器0、1(T/C0、T/C1)溢出中断允许位。

1→T/C0、T/C1开中断;0→T/C0、T/C1关中断。

(3)ES:串行口中断允许位。

1→串行口开中断;0→串行口关中断。

(4)ET2:定时器/计数器2(T/C2)溢出中断允许位。

1→T/C2开中断;0→T/C2关中断。

(5)EA:CPU开/关中断控制位。

1→CPU开中断。0→CPU关中断。

注:80C51复位时,IE被清"0",此时CPU关中断,各中断源的中断也都屏蔽。

4. 中断优先级寄存器 IP

D7	D6	D5	D4	D3	D2	D1	D0
			PS	PT1	PX1	PT0	PX0

(1) PX0、PX1：外部中断 0、1 中断优先级控制位。

1→高优先级；0→低优先级。

(2) PT0、PT1：定时器/计数器 0、1 中断优先级控制位。

1→高优先级；0→低优先级。

(3) PS：串行口中断优先级控制位。

1→高优先级；0→低优先级。

8051 复位时，IP 被清"0"，5 个中断源都在同一优先级，其内部优先级的顺序从高到低为：

外部中断 0（IE0）　　　　高

定时器/计数器 0（TF0）

外部中断 1（IE1）

定时器/计数器 1（TF1）

串行口中断（RI＋TI）　　低

七、中断服务程序的语法规则

单片机 C 语言中断服务程序的语法规则如下：

函数的返回值　函数名（[参数]）interrupt n [using m]

{

　　函数体；

}

说明：

(1) 对中断程序而言，函数的返回值和参数一般为 void。

(2) interrupt n：n 表示中断向量的编号，取值为 0～31 的正整数，不允许使用表达式。使用的单片机是 8051，一般 n 取值 0、1、2、3 或 4，分别表示 5 个中断源。即：

当 n 为 0 时，表示外部中断 0(INT0)；

当 n 为 1 时，表示定时/计数器 0(T/C0)；

当 n 为 0 时，表示外部中断 1(INT1)；

当 n 为 0 时，表示定时/计数器 1(T/C1)；

当 n 为 0 时，表示串行口中断(RI＋TI)。

(3) using m：使用 using 指定当前内部 RAM 中的工作寄存器，m 指定四个工作寄存器组的任一个，值可以为 0、1、2 或 3 中的任一个数，不允许用表达式；即：

当 m 为 0 时表示使用工作寄存器 0；

当 m 为 1 时表示使用工作寄存器 1；

当 m 为 2 时表示使用工作寄存器 2；

当 m 为 3 时表示使用工作寄存器 3。

注意：

中断不允许用于外部函数。它对于函数的目标代码影响如下：

(1) 当调用函数时，SFR 中的 ACC、B、DPH、DPL 和 PSW 入栈(需要时)。

(2) 如果不使用寄存器组切换，则甚至中断函数所需的所有工作寄存器都入栈。

(3) 函数退出前所有寄存器内容出栈。

(4) 函数由 8051 的指令 RETI 终止。

【例 3-4】 设单片机的 fosc＝12MHz，要求在 P1.0 脚上输出周期为 2ms 的方波。
采用中断方式。

```
#include <reg51.h>
sbit P1_0 = P1^0;
void timer0(void) interrupt 1using 1
{
  P1_0 = !P1_0; TH0 = (65535 - 1000)/256;
  TL0 = (65535 - 1000)%256;
}
void main(void)
{TMOD = 0x01; P1_0 = 0;
  TH0 = (65535 - 1000)/256;
  TL0 = (65535 - 1000)%256;
  EA = 1;ET0 = 1;TR0 = 1;
  do {} while(1); }
```

相关
知识

相关知识4 模/数(A/D)转换器

一、A/D 转换的基本知识

转换的功能是把模拟量电压转换为 N 位数字量电压。图 3-8 所示为 A/D 转换器的工作情况，其中表 3-6 是相对应的输入和输出。

1. 对于转换过程的几点说明

(1) 输入 A/D 转换器的模拟量电压是连续的。由于 A/D 转换器完成一次转换需要一定的时间，A/D 转换只能间断性地进行，因此输出的数字量电压是不连续的，称为离散量。在图 3-6 中，A/D 转换所得的结果是一个个孤立的点。每个点的纵坐标代表某个数字量，其值与采样时刻的模拟量相对应。如果在相邻两次采样时刻之间，A/D 转换输出的数字量保持前一时刻的值，那么 A/D 转换的输出就是一条阶梯形的曲线。

(2) 相邻两次采样的间隔时间称为采样周期。为了使输出量能充分反映输入量的变化情况，采样周期要根据输入量变化的快慢来决定。而一次 A/D 转换所需要的时间显然必须小于采样周期。

(3) 假设输入的模拟量为 0～4.99V 时，输出的数字量为 001～111(二进制数)，那么输出与输入的对应关系如表 3-6 所示。

(4) 将模拟量表示为相应的数字量，称为量化。数字量的最低位即最小有效位 1 LSB(LSB, Least Significant Bit)，与此相对应的模拟电压称为一个量化单位，如果模拟电压小于此值，不能转换为相应的数字量。LSB 表示 A/D 转换器的分辨能力。对于上述转换关系来说，1 LSB＝0.71V。

表 3-6			输入模拟量与输出数字量对应表					
输入模拟量	0.00	0.71	1.42	2.13	2.84	3.55	4.28	4.99
输出数字量	000	001	010	100	100	101	110	111

2. A/D 转换器的主要性能指标

(1) 分辨率。习惯上以输出的二进制位数或 BCD 码位数表示分辨率。如一个输出为 8 位二进制数的 A/D 转换器，称其分辨率为 8 位。也可以用对应于 1 LSB 的输入模拟电压来表示分辨率。分辨率还可以用百分数来表示，例如 8 位 A/D 转换器的分辨率百分数为 $(1/256) \times 100\%$ $=0.39\%$。

(2) 量化误差。A/D 转换是用数字量对模拟量进行量化。由于存在最小量化单位，在转换中就会出现误差，仍以上述 $0 \sim 4.99\text{V}$ 转换为二进制数 $000 \sim 111$ 的 A/D 转换器为例，模拟量 1.42V 对应于数字量 010；而 $(1.42\text{V}-1/2\text{LSB}) \sim (1.42\text{V}+1/2\text{LSB})$ 也都对应于 010，这样就带来了转换误差。

(3) 转换精度。转换精度是指一个实际的 A/D 转换器与理想的 A/D 转换器相比的转换误差。绝对精度一般以 LSB 为单位给出。相对精度则是绝对精度与满量程的比值。不同厂家生产的 A/D 转换器的转换精度指标的表达方式可能不同。有的给出综合误差指标，有的给出分项误差指标。通常误差指标有失调误差（零点误差）、增益误差（满量程误差）、非线性误差和微分非线性误差。

(4) 转换速度。指完成一次转换所需的时间。A/D 转换器的种类很多。按转换原理分类，有逐次逼近式、双积分式、并行式等。双积分转换精度高，转换时间长，大约需要几百毫秒。

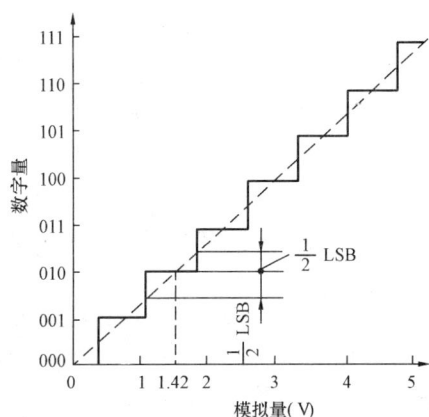

图 3-6　理想的 A/D 转换曲线路模拟开关

并行式转换速度最高，能达到 2G 次，即转换时间仅 50ns，但价格昂贵，产品的分辨率不高。逐次逼近式兼顾了转换速度和转换精度，是应用广泛的 A/D 转换器。逐次逼近式的种类很多，分辨率从 8 位到 16 位，转换时间从 $100\mu\text{s}$ 到几微秒，精度有不同等级。常用的几种 A/D 转换器：8 位通用型 ADC0808/0809、12 位的 AD574A 和双积分型 5G14433。

ADC0808/0809 是 8 通道、8 位逐次逼近式 A/D 转换器，美国 NS 公司产品，其价格低廉，便于与微机连接，因而应用十分广泛。

二、ADC0808/0809 模/数(A/D)转换器

(1) ADC0808/0809 功能。

1) 分辨率为 8 位，误差 1LSB。

2) CMOS 低功耗器件。

3) 转换时间为 128 μs(当外部时钟输入频率 fc $=500\text{kHz}$)。

4) 采用单一电源+5V 供电时量程为 $0 \sim 5\text{V}$。

5) 带有锁存控制逻辑的 8 通道多路输入转换开关。

6) 带锁存器的三态数据输出。

(2) 结构和转换原理。ADC0808/0809 由三部分组成：8 路模拟量选通开关、8 位 A/D 转换器和三态输出数据锁存器。如图 3-7 所示 ADC0808/0809 由三部分组成：8 路模拟量选通开关、8

位 A/D 转换器和三态输出数据锁存器。

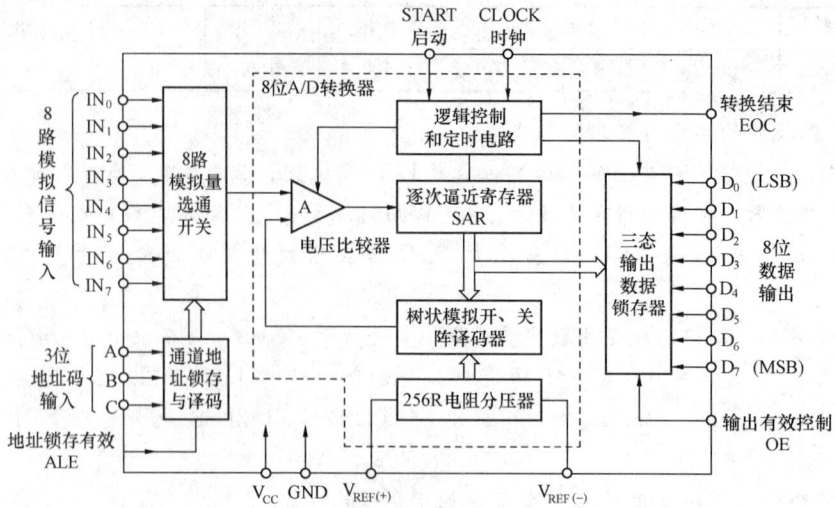

图 3-7　ADC0808/0809 的结构框图

ADC0808/0809 允许 8 路模拟信号输入，由 8 路模拟开关选通其中一路信号，模拟开关受通道地址锁存和译码电路的控制。当地址锁存信号 ALE 有效时，3 位地址 CBA 进入地址锁存器，经译码后使 8 路模拟开关选通某一路信号。

8 位 A/D 转换器为逐次逼近式，由 256R 电阻分压器、树状模拟开关（这两部分组成一个 D/A 变换器）、电压比较器、逐次逼近寄存器、逻辑控制和定时电路组成。其基本工作原理是采用对分搜索方法逐次比较，找出最逼近于输入模拟量的数字量。电阻分压器需外接正负基准电源 $V_{REF(+)}$ 和 $V_{REF(-)}$。CLOCK 端外接时钟信号。A/D 转换器的启动由 START 信号控制。转换结束时控制电路将数字量送入三态输出锁存器锁存，并产生转换结束信号 EOC。

三态门输出锁存器用来保存 A/D 转换结果，当输出允许信号 OE 有效时，打开三态门，输出 A/D 转换结果。因输出有三态门，便于与微机总线连接。

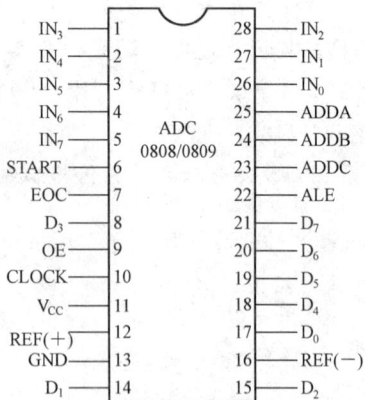

图 3-8　ADC0808/0809 的引脚

（3）ADC0808/0809 引脚：

1）IN0～IN7：8 通道模拟量输入端。

2）2^{-8}～2^{-1}：8 位数字量输出端，其为三态缓冲输出形式。

3）C、B、A：模拟通道选择端。CBA 从 000～111 分别选择 IN0～IN7 通道。

4）ALE：地址锁存允许控制信号。

5）START：清 0 内寄存器，启动转换，高电平有效。

6）OE：允许读 A/D 结果，高电平有效。

7）CLK：时钟输入端，范围为 10Hz～1200Hz，典型值 640Hz。

8）EOC：转换结束时为高电平，此信号常被用作中断请求信号。

9）V_{cc}：+5V。

10）Vref+：参考电压，+5V；Vref-：0V。

（4）地址码与输入通道的对应关系（见表 3-7）。

(5) ADC0808/0809 的主要性能指标(引脚图见图 3-8)。

1) 分辨率为 8 位。

2) 总的非调整误差: 0808 为 $\pm\frac{1}{2}$ LSB, 0809 为 ± 1 LSB。

3) 转换时间为 $100\mu s$(时钟频率为 640Hz)。

4) 具有锁存控制功能的 8 路模拟开关, 能对 8 路模拟电压信号进行转换。

表 3-7 地址码与输入通道的对应关系表

地 址 码			对应的输入通道	地 址 码			对应的输入通道
C	B	A		C	B	A	
0	0	0	IN_0	1	0	0	IN_4
0	0	1	IN_1	1	0	1	IN_5
0	1	0	IN_2	1	1	0	IN_6
0	1	1	IN_3	1	1	1	IN_7

5) 输出电平与 TTL 电平兼容。

6) 单电源+5V 供电。基准电压由外部提供,典型值为+5V。此时允许模拟量输入范围为 0～5V。功耗为 10mW。

ADC0808/0809 的数字量输出值 D(换算到十进制)与模拟量输入值 V_{IN} 之间的关系如下

$$D = \frac{V_{IN} - V_{REF(-)}}{V_{REF(+)} - V_{REF(-)}}$$

通常 $V_{REF(-)} = 0V$, 所以

$$D = \frac{V_{IN}}{V_{REF(+)}} \times 256$$

当 $V_{REF(+)} = 5V$, 相应于 $V_{IN} = 0\sim4.98V$, $D = 0\sim255$(00H～FFH)。这里由于数字量的满量程值是 255, 而不是 256, 因此相应地输入电压的满量程值也比 5V 少 1LSB。

(6) 工作时序。ADC0808/0809 的工作时序如图 3-9 所示。从图中可以看出各信号的时序关系, 进一步理解上面所讲的转换过程中的信号功能。完成一次转换所需要的时间为 66～73 个时钟周期。

(7) ADC 芯片与 CPU 接口。通常使用的 ADC 一般都具有下列引脚: 数据输出、启动转换、转换结束、时钟和参考电平等。ADC 与主机的连接就是处理这些引脚的连接问题。

1) 数据输出线的连接。模拟信号经 A/D 转换, 向主机送出数字量。所以, ADC 芯片就相当于给主机提供数据的输入设备。

2) A/D 转换的启动信号。当一个 ADC 在开始转换时, 必须加一个启动信号。芯片不同, 要求的启动信号也不同, 一般分脉冲启动信号和电平控制信号。

脉冲信号启动转换的 ADC, 只要在启动引脚加一个脉冲即可。

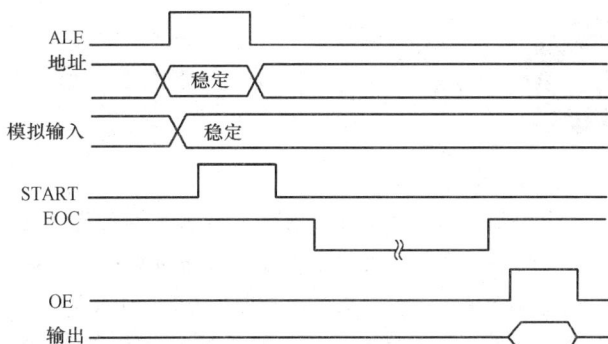

图 3-9 ADC0808/0809 的工作时序

电平信号启动转换是在启动引脚上加一个所要求的电平。

软件上通常是在要求启动 A/D 转换的时刻，用一个输出指令产生启动信号，这就是编程启动。此外，也可以利用定时器产生信号，这样可以方便地实现定时启动，适合于固定延迟时间的巡回检测等应用场合。

3) 转换结束信号的处理方式。当 A/D 转换结束，ADC 输出一个转换结束信号，通知主机，A/D 转换已经结束，可以读取结果。主机检查判断 A/D 转换是否结束的方法主要有四种：

● 中断方式。这种方式下，把结束信号作为中断请求信号接到主机的中断请求线上。当转换结束时，向 CPU 申请中断，CPU 响应中断后，在中断服务程序中读取数据。这种方式下 ADC 与 CPU 同时工作，适用于实时性较强或参数较多的数据采集系统。

● 查询方式。这种方式下，把结束信号作为状态信号经三态缓冲器送到主机系统数据总线的某一位上。主机在启动转换后开始查询是否转换结束，一旦查到结束信号，便读取数据。这种方式的程序设计比较简单，实时性较强，是比较常用的一种方法。

● 延时方式。这种方式下，不使用转换结束信号。主机启动 A/D 转换后，延时一段略大于 A/D 转换的时间，即可读取数据。延时通常可以采用软件延时程序，也可以用硬件完成延时。采用软件延时方式，无需硬件连线，但要占用主机大量时间。延时方式多用于主机处理任务较少的系统中。

● DMA 方式。这种方式下，把结束信号作为 DMA 请求信号。转换结束，即启动 DMA 传送，通过 DMA 控制器直接将数据送入内存缓冲区。这种方式特别适合要求高速采集大量数据的情况。

4) 时钟的提供。时钟是决定 A/D 转换速度的基准，整个转换过程都是在时钟作用下完成的。时钟信号的提供有两种。①由外部提供，它可用单独的振荡电路产生，更多的则用主机时钟分频得到；②由芯片内部提供，一般用启动信号启动内部时钟电路，只在转换过程中才起作用。

5) 参考电压的接法。ADC 中参考电压常有两个：$V_{REF(+)}$ 和 $V_{REF(-)}$。根据模拟输入量的极性不同，它们的接法亦不同。当模拟信号为单极性时，$V_{REF(-)}$ 接地，$V_{REF(+)}$ 接正极电源。当模拟信号为双极性时，$V_{REF(+)}$ 和 $V_{REF(-)}$ 分别接参考电源的正、负极性端。当然也可以把双极性信号转换为单极性信号再接入 ADC。

参考电压的提供方法有两种。①外电源供给，这个外电源可以是系统的供电电源。在精度要求较高时则单独连接精密稳压的电源。常用的情况是将系统电源经进一步稳压后接到参考电压端。②ADC 芯片内部设置有稳压电路，只需提供芯片电源，而不用单独供给参考电压，这种情况常见于 10 位以上 ADC。

相关知识

相关知识5 数 码 管

一、数码管的分类

数码管是一种半导体发光器件，其基本单元是发光二极管。

按发光二极管单元连接方式分为共阳极数码管和共阴极数码管。共阳数码管是指将所有发光二极管的阳极接到一起形成公共阳极(COM)的数码管。共阳数码管在应用时应将公共极 COM 接到 +5V，当某一字段发光二极管的阴极为低电平时，相应字段就点亮。当某一字段的阴极为高电平时，相应字段就不亮。共阴数码管是指将所有发光二极管的阴极接到一起形成公共阴极

(COM)的数码管。共阴数码管在应用时应将公共极 COM 接到地线 GND 上，当某一字段发光二极管的阳极为高电平时，相应字段就点亮。当某一字段的阳极为低电平时，相应字段就不亮，如图 3-10 所示。

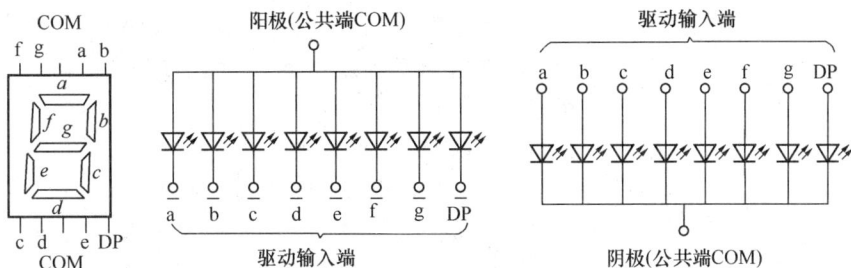

图 3-10 数码管结构图

数码管按段数分为七段数码管和八段数码管，八段数码管比七段数码管多一个发光二极管单元(多一个小数点显示)；按能显示多少个"8"，可分为 1 位、2 位、3 位、4 位等数码管，如图 3-11 所示(实物参照图片)。

图 3-11 数码管实物图

二、数码管的驱动方式

数码管要正常显示，就要用驱动电路来驱动数码管的各个段码，从而显示出我们要的数字，因此根据数码管的驱动方式的不同，可以分为静态式和动态式两类。

1. 静态显示驱动

静态驱动也称直流驱动。静态驱动是指每个数码管的每一个段码都由一个单片机的 I/O 端口进行驱动，或者使用如 BCD 码二—十进制译码器译码进行驱动。静态驱动的优点是编程简单，显示亮度高，缺点是占用 I/O 端口多，如驱动 5 个数码管静态显示则需要 $5\times8=40$ 根 I/O 端口来驱动，要知道一个 89S51 单片机可用的 I/O 端口才 32 个，实际应用时必须增加译码驱动器进行驱动，增加了硬件电路的复杂性。

2. 动态显示驱动

数码管动态显示接口是单片机中应用最为广泛的一种显示方式之一，动态驱动是将所有数码管的 8 个显示笔画"a，b，c，d，e，f，g，DP"的同名端连在一起，另外为每个数码管的公共极 COM 增加位选通控制电路，位选通由各自独立的 I/O 线控制，当单片机输出字形码时，所有数码管都接收到相同的字形码，但究竟是哪个数码管会显示出字形，取决于单片机对位选通 COM 端电路的控制，所以只要将需要显示的数码管的选通控制打开，该位就显示出字形，没有选通的数码管就不会显。通过分时轮流控制各个数码管的 COM 端，就使各个数码管轮流受控显示，这就是动态驱动。在轮流显示过程中，每位数码管的点亮时间为 1～2ms，由于人的视觉暂留现象及发光二极管的余辉效应，尽管实际上各位数码管并非同时点亮，但只要扫描的速度足够快，给人的印象就是一组稳定的显示数据，不会有闪烁感，动态显示的效果和静态显示是一样的，能够节省大量的 I/O 端口，而且功耗更低。

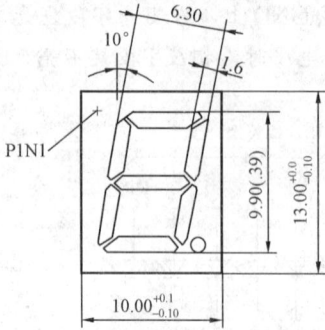

图3-12 数码管尺寸图

三、数码管参数

(1) 8字高度：8字上沿与下沿的距离。比外形高度小。通常用英寸(in)来表示。范围一般为0.25～20in，如图3-12所示。

(2) 长×宽×高：长——数码管正放时，水平方向的长度；宽——数码管正放时，垂直方向上的长度；高——数码管的厚度。

(3) 时钟点：四位数码管中，第二位8与第三位8字中间的两个点。一般用于显示时钟中的秒。

(4) 电流：静态时，推荐使用10～15mA；动态时，16/1动态扫描时，平均电流为4～5mA，峰值电流50～60mA。

(5) 电压：当红色时，使用1.9V乘以每段的芯片串联的个数；当绿色时，使用2.1V乘以每段的芯片串联的个数。

四、数码管的段码表(见表3-8)

表3-8
段 码 表

显 示	段 符 号								十六进制代码	
	dp	g	f	e	d	c	b	a	共阴极	共阳极
0	0	0	1	1	1	1	1	1	3FH	C0H
1	0	0	0	0	0	1	1	0	06H	F9H
2	0	1	0	1	1	0	1	1	5BH	A4H
3	0	1	0	0	1	1	1	1	4FH	B0H
4	0	1	1	0	0	1	1	0	66H	99H
5	0	1	1	0	1	1	0	1	6DH	92H
6	0	1	1	1	1	1	0	1	7DH	82H
7	0	0	0	0	0	1	1	1	07H	F8H
8	0	1	1	1	1	1	1	1	7FH	80H
9	0	1	1	0	1	1	1	1	6FH	90H
A	0	1	1	1	0	1	1	1	77H	88H
b	0	1	1	1	1	1	0	0	7CH	83H
C	0	0	1	1	1	0	0	1	39H	C6H
d	0	1	0	1	1	1	1	0	5EH	A1H
E	0	1	1	1	1	0	0	1	79H	86H
F	0	1	1	1	0	0	0	1	71H	8EH
H	0	1	1	1	0	1	1	0	76H	89H
P	0	1	1	1	0	0	1	1	F3H	8CH

五、恒流驱动与非恒流驱动对数码管的影响

1. 显示效果

由于发光二极管基本上属于电流敏感器件，其正向压降的分散性很大，并且还与温度有关，为了保证数码管具有良好的亮度均匀度，就需要使其具有恒定的工作电流，且不能受温度及其他因素的影响。另外，当温度变化时驱动芯片还要能够自动调节输出电流的大小以实现色差平衡温度补偿。

2. 安全性

即使是短时间的电流过载也可能对发光管造成永久性的损坏，采用恒流驱动电路后可防止由于电流故障所引起的数码管的大面积损坏。

另外，我们所采用的超大规模集成电路还具有级联延时开关特性，可防止反向尖峰电压对发光二极管的损害。

超大规模集成电路还具有热保护功能，当任何一片的温度超过一定值时可自动关断，并且可在控制室内看到故障显示。

巩固与提高

（1）在任务 8 中将共阴极数码管改为共阳极数码管如何设计程序？

（2）如何设计一个实现数码管显示的数字向左滚动的程序？

项目四 篮球赛计分屏的设计与仿真

一、项目设计目标

1. 预期目标

在 PROTUES 仿真软件下实现数码管及 74LS247 的应用及仿真。

2. 促成目标

(1) 通过在 PROTUES 软件环境下仿真篮球赛计分屏的使用过程，熟悉 74LS247 的工作原理及其与单片机的接口方法。

(2) 熟悉 74LS247 在单片机中的使用及 C 程序设计方法。

(3) 熟悉单片机定时/计数器的使用及 C 程序的设计。

二、项目设计任务

(1) 能用 74LS247，并正确地与单片机连接。

(2) 能设计出实现电路图及 C 程序。

(3) 能调试并运行程序。

(4) 会创建 HEX 文件。

(5) 能将 HEX 文件装入单片机，并进行仿真。

三、项目设计方案

1. 仿真电路设计方案

(1) 用三组 4 位共阳极的数码管作为显示电路，一组用于计时显示屏，一组用于 A 球队的分数显示屏，一组用于 B 球队的分数显示屏。

(2) 用一个 74LS247 输出数据作为数码管的段码。

(3) P0 口的 P0～P3 分别与 74LS247 的 A、B、C、D 输入端连接；74LS247 的 QA、QB、QC、QD、QE、QF、QG 分别与计时、A/B 队计分屏数码管的 a、b、c、d、e、f、g 七段的阴极连接；P20～P23 分别控制 B 队计分数码管的 4 个位的位线；P24～P27 分别控制 A 队计分数码管的 4 个位的位线；P10～P13 分别控制计时数码管的 4 个位的位线。

(4) P30、P31 上分别接 B 队的加分、减分按键；P34、P35 上分别接 A 队的加分、减分按键；P32 外接喇叭控制键；P36 和 P37 接启动和停止按钮；P16 和 P17 连接计时器分值的十位和个位的初值按钮；P14 接喇叭，用一个按键接到 P23 上，当按下此键盘时产生外部中断，喇叭响，如图 4-1 所示。

2. 程序设计方案

(1) 程序功能。

1) 开始时所有显示屏上显示数字均为 0。

2) 有预置比赛时间的功能。

3) 具有两队分别计分的功能。

4) 有鸣嘀警示功能。

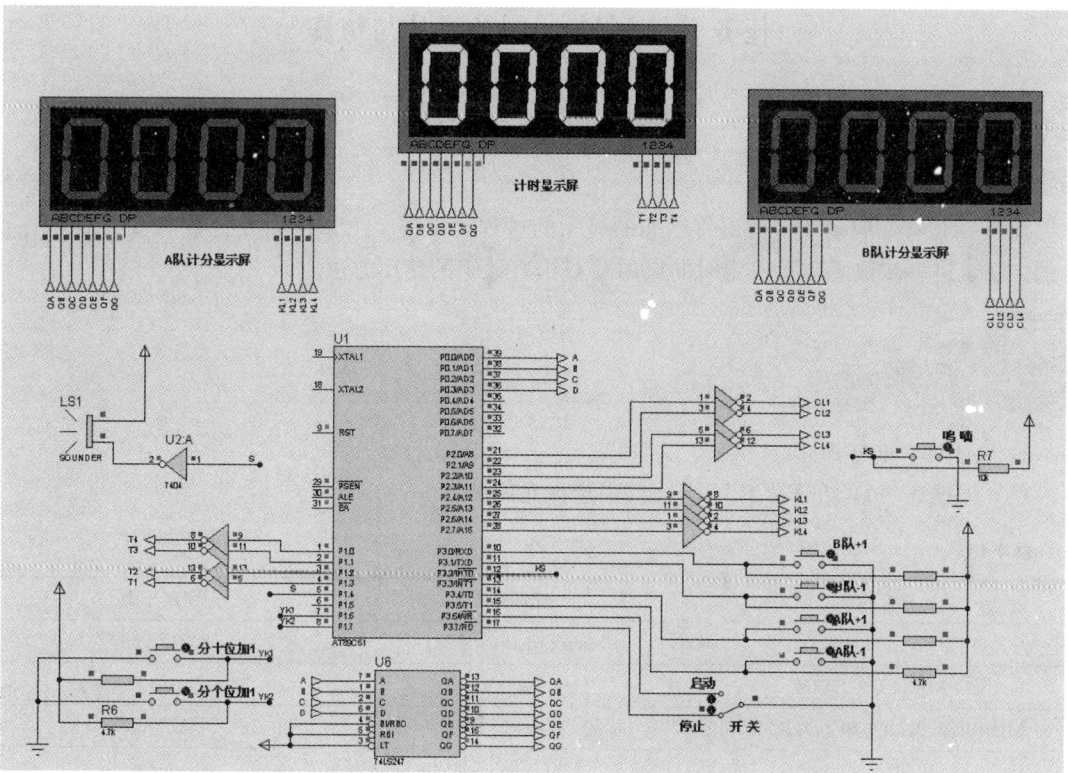

图 4-1 篮球赛计分屏仿真电路图

（2）程序要求。

1）只有当预置时间后，并按开始按钮计时器才能开始计时。

2）只有开始计时后，各队才能加分。

3）只有在每节比赛结束才能鸣嘀。

4）每节比赛结束计时器停止计时，每队不能加分。

四、项目实施过程

（1）在 PROTUES 环境下打开光盘中的"项目四"文件夹中的"P4. DSN"文件，进入如图 4-1 所示的界面。

（2）单击界面左下方播放器的"Play"按钮：

1）按时间预置"分十位加 1"键，预置每节比赛时间为 20min，再将开始拨到启动位置，仔细观察电路中计时屏上时间的变化，再按两队的加分按钮；记录你所看到的运行过程。

2）按 A、B 队的加分键，再按 A、B 队的减分键，观察电路中两队计分屏上数值的变化。

3）将开关拨到停止位置，按下去"鸣嘀"键。

（3）记录整个操作过程。

（4）想一想如何才能实现这些功能呢？

要实现比赛计分屏的功能，只需要根据电路图编制 C 程序，使得时间、分数在数码管上正确显示出来即可。

下面我们就一步步实现吧。

任务1 时间显示屏的设计与仿真

任务目标

理解74LS247驱动4位数码管动态的显示的过程，掌握74LS247及4位数码管的C程序设计的方法，进一步熟悉单片机定时的应用及C语言数组的使用方法。

任务实施

1. 设计仿真电路图

（1）根据表4-1，在PROTUES元件中选择元件。

表4-1　　　　　　　　　　　　元　件　表

元件名称	所属类	所属子类
AT89C51（单片机）	Microprocessor ICs	8051Family
7SEG-MPX4-CA-BKUE	Optoelectronics	7-Segment-Display
MINRES4.7K（电阻4.7kΩ）	Resistors	All Sub
BUTTON	All-Categories	
SW-SPDT	Switches & Relays	
74LS247	TTL 74LSseries	All Sub- Categories
7404	TTL 74LSseries	All Sub- Categories

（2）设计如图4-2所示的电路图。

单击PROTUES的绘图工具栏上的" 号 "按钮，在对象选择器窗口中拿出"INPUT"输入

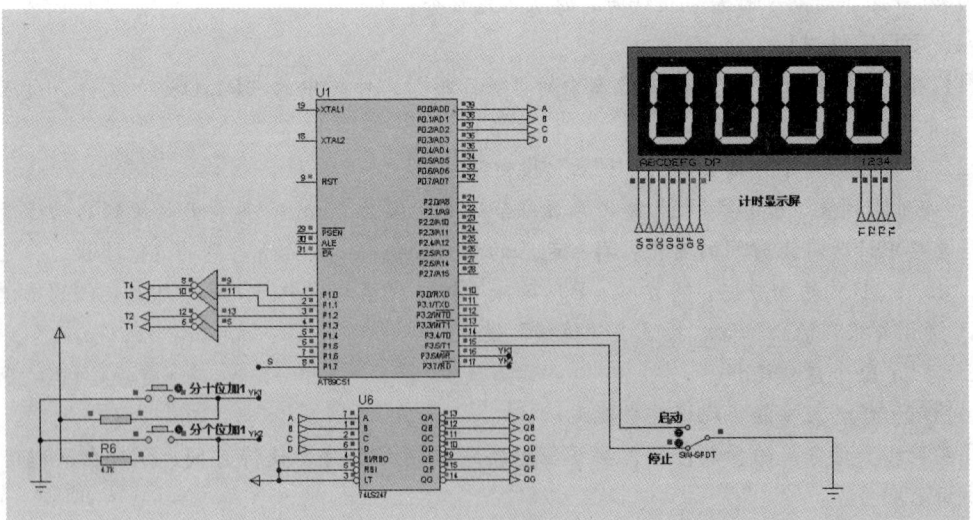

图4-2　时间显示屏仿真电路图

连接端"▷—"和"OUTPUT"输出连接端"—▷"，如图 4-3 所示。

根据图 4-2 将输入/输出端与各元件连接好，右击连接端，这时弹出如图 4-3 所示的对话框，单击"Edit Properties"选项，进入图 4-4 所示的对话框，在该对话框的"String"中输入要连接的字符，如图 4-4 中输入"T1"，再单击"OK"按钮即完成线的连接。

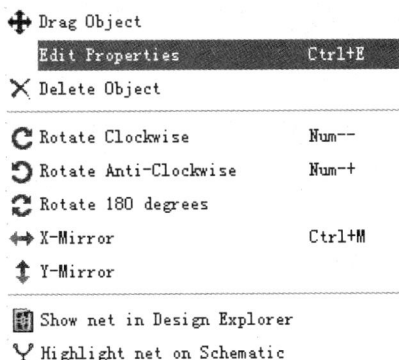

```
✛ Drag Object
  Edit Properties          Ctrl+E
✕ Delete Object

C Rotate Clockwise          Num--
↻ Rotate Anti-Clockwise     Num-+
↺ Rotate 180 degrees
↔ X-Mirror                 Ctrl+M
↕ Y-Mirror

▦ Show net in Design Explorer
Y Highlight net on Schematic
```

图 4-3　选择编辑属性菜单

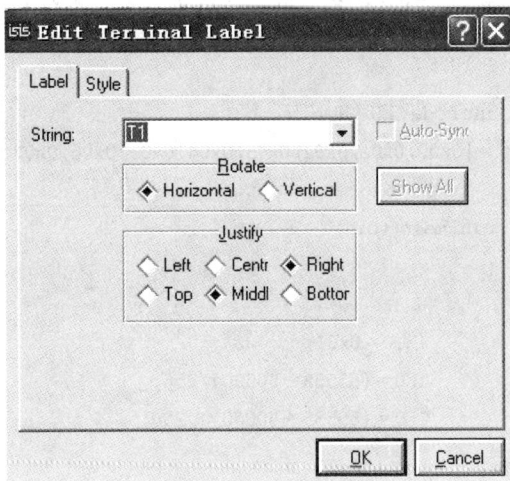

图 4-4　输入连接符对话框

（3）保存文件名为"时间显示屏"的仿真电路图文件。

2. 程序设计分析

（1）程序中要实现时间的计时功能，所以要用定时/计数器的定时功能进行时间处理，程序里用一个定时 50ms 的时间中断函数 void Js_50ms（void），一个时间处理函数 void Ptime（uchar）。

（2）由于时间显示屏用的是 4 位的数码管进行显示，用动态扫描显示驱动，用 void Js_Scan（void）处理动态扫描显示。

（3）时间预置用按键实现，首先进行按键判断处理，用 void Key_Y（void）函数处理。

3. 实现时间显示屏的程序

```
# include <reg51.h>
# define uchar unsigned char
# define uint unsigned int
void delay(uchar x);
void Js_Scan(void);          //定义计时显示函数
void Js_50ms(void);          //定时 50ms 中断函数
void Key_Y(void);            //预置时间函数
void Ptime(uchar);           //时间处理函数

sbit S1 = P1^3;              //驱动 4 位数码管位线
sbit S2 = P1^2;
sbit S3 = P1^1;
sbit S4 = P1^0;
sbit Star = P3^4;            //开始按钮
sbit Puse = P3^5;            //停止按钮
```

```
    sbit YK1 = P3^6;                          //预置时间分钟的十位
    sbit YK2 = P3^7;                          //预置时间分钟的个位

    int ms = 0, mg = 0, m = 0;                //秒钟的十位、个位及秒钟的变量说明
    int fs = 0, fg = 0, f, fy;                //分钟的十位、个位及分钟的变量说明
    int num = 0;                              // 时间处理函数

    int code LED _ Num[ ]
    = {0x00,0x01,0x02,0x03,0x04,0x05,0x06,0x07,0x08,0x09,0x00};//段码

    void main(void)
    {

            TMOD = 0x01;
            TH0 = (65535 − 50000)/256;
            TL0 = (65535 − 50000) % 256;

            EA = 1;
            ET0 = 1;

            while(1)
            {
              Key _ Y();
              if(Star = = 0&&f! = 0)
              {
                TR0 = 1;
              }
              else
              {
                TR0 = 0;
              }

              Js _ Scan();
            }
    }
/* * * * * * * * * * * * * * * 设置场次比赛时间 * * * * * * * * * * * * * * * * * * * * * * * * */
    void Key _ Y(void)
    {
            if(YK1 = = 0)
            {  delay(1);                       //延时去抖动
               fs = fs + 1;                    //分十位加一分
               fy = fs * 10 + fg;              //求出预置时间的分钟值
               f = fy;
            }
```

```
        if(YK2 = = 0)
        {   delay(1);                       //延时去抖动
            fg = fg + 1;                     //分个位加一分
            fy = fs * 10 + fg;               //求出预置时间的分钟值
            f = fy;
        }
        Js _ Scan();
    }
/ * * * * * * * * * * * *T1 中断服务函数,每个 50ms 产生一次中断 * * * * * * * * * * * * * * * */
    void Js _ 50ms(void) interrupt 1 using 1
    {
        TH0 = (65535 - 50000)/256;
        TL0 = (65535 - 50000) % 256;
        num + + ;                           //每 50ms 累加一次
        Ptime(num);                          //调用时间处理函数
    }
/ * * * * * * * * * * * * * * * * *时间处理函数 * * * * * * * * * * * * * * * * * * * * */
    void Ptime(uchar time)
    {   if(time = = 20)                     //如果为 1s(50 × 20 = 1000ms)
        {
            num = 0;
            m + + ;                          // 每到 1s 累加 1 次
            ms = m/10;
            mg = m % 10;
            if(m = = 60)                     //如果为 1min
            {   m = 0;
            mg = m % 10;
            ms = m/10;
            f - - ;
            fs = f/10;
            fg = f % 10;
            if(f = = 0)
            {
                TR0 = 0;                     //时间到停止计时
            }
            }
        }
    }
/ * * * * * * * * * * * * * * * * * *数码管动态扫描显示 * * * * * * * * * * * * * * * * */
    void Js _ Scan(void)
    {
        uchar j;
        for(j = 0;j< = 10;j + +)
        {
```

```
    S4 = 0;P0 = LED _ Num[mg];delay(1);S4 = 1;
    S3 = 0;P0 = LED _ Num[ms];delay(1);S3 = 1;
    S2 = 0;P0 = LED _ Num[fg];delay(1);S2 = 1;
    S1 = 0;P0 = LED _ Num[fs];delay(1);S1 = 1;
    }
}
/* * * * * * * * * * * * * * * * * * 延时 * * * * * * * * * * * * * * * * * * * * */
void delay(uchar x)
{   uchar k;
    while(x - - )
    for(k = 0;k<125;k + + );
}
```

4. 仿真操作

(1) 装入 HEX 文件，单击界面左下方的"运行"按钮。

(2) 仔细观察电路图及运行结果。

提高训练

设计一个实现秒表功能的程序。

任务 2　计分显示屏的设计与仿真

任务目标

进一步理解 74LS247 驱动 4 位数码管动态的显示的过程，掌握 74LS247 及 4 位数码管的 C 程序设计及 C 语言数组的使用方法。

任务实施

1. 设计仿真电路图

(1) 根据表 4-2，在 PROTUES 元件中选择元件。

表 4-2　　　　　　　　　　　　　　　元　件　表

元件名称	所属类	所属子类
AT89C51（单片机）	Microprocessor ICs	8051Family
7SEG-MPX4-CA	Optoelectronics	7-Segment-Display
MINRES4.7K（电阻 4.7kΩ）	Resistors	All Sub
BUTTON	All-Categories	
SW-SPDT	Switches & Relays	
74LS247	TTL 74LSseries	All Sub-Categories
7404	TTL 74LSseries	All Sub-Categories

（2）设计如图 4-5 所示的电路图。

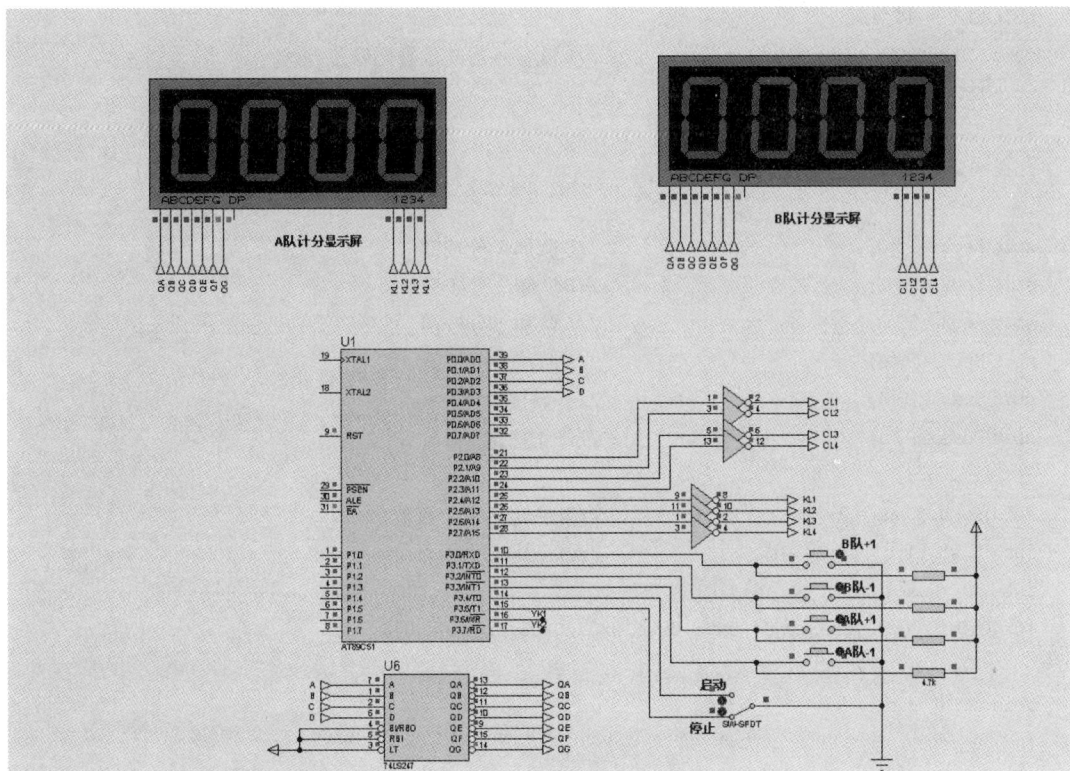

图 4-5　计分显示屏仿真电路图

（3）保存文件名为"计分显示屏"的仿真电路图文件。

2. 程序设计分析

（1）根据电路图可知，我们是用按键来实现两队计分的功能的。当按一次加分键，在程序里要用两个整型的变量作为 A、B 队的分值计分器，程序里用 sum 及 sum1 分别表示 B 和 A 队的分值。

（2）如分别要在数码管的每位上动态扫描显示出来，我们必须对两队所得的分值进行分位计算。程序里用 q、b、s、g 表示 B 队显示屏上的千位、百位、十位和个位；用 q1、b1、s1、g1 表示 A 队显示屏上的千位、百位、十位和个位。

（3）是加分还是减分，首先进行按键判断处理，用 void Key_if（void）函数处理。

（4）用 void Jf_Scan（void）函数进行动态扫描显示分值。

3. 实现计分显示屏的程序

```
#include <reg51.h>
#define uchar unsigned char
#define uint unsigned int
void delay(uchar x);
void Jf_Scan(void);               //计分屏显示
void Key_if(void);                //两队分值处理

sbit CL1 = P2^0;                  //B队显示屏4位数码管位控线
sbit CL2 = P2^1;
```

任务 2

```
    sbit CL3 = P2^2;
    sbit CL4 = P2^3;
    sbit KL1 = P2^4;                    //A队显示屏4位数码管位控线
    sbit KL2 = P2^5;
    sbit KL3 = P2^6;
    sbit KL4 = P2^7;

    sbit Key1 = P3^0;                   //B队加1分按键
    sbit Key2 = P3^1;                   //B队减1分按键
    sbit Key3 = P3^2;                   //A队加1分按键
    sbit Key4 = P3^3;                   //A队减1分按键
    sbit Star = P3^4;                   //开始按键
    sbit Puse = P3^5;                   //停止按键

    int g,s,b,q,sum = 0;                //蓝队定义个十百位
    int g1,s1,b1,q1,sum1 = 0;           //红队定义个十百位
    int LED_Num[] =
    {0x00,0x01,0x02,0x03,0x04,0x05,0x06,0x07,0x08,0x09,0x00};

    void main(void)
    {
        while(1)
        {
            if(Star = = 0&&Puse! = 0)    //判断是否开始
            {
                Key_if();
                Jf_Scan();
            }
            if(Star = ! 0&&Puse = = 0)
            {
                Jf_Scan();
            }
        }
    }
/* * * * * * * * * * * * * * * * * * *数码管动态扫描显示* * * * * * * * * * * * * * * * * * */
    void Jf_Scan(void)
    {
        uchar j;
        for(j = 0;j<= 5;j++)
        {
            KL4 = 0;P0 = LED_Num[g1];delay(1);KL4 = 1;
            KL3 = 0;P0 = LED_Num[s1];delay(1);KL3 = 1;
            KL2 = 0;P0 = LED_Num[b1];delay(1);KL2 = 1;
            KL1 = 0;P0 = LED_Num[q1];delay(1);KL1 = 1;
```

```
                CL4 = 0;P0 = LED _ Num[g];delay(1);CL4 = 1;
                CL3 = 0;P0 = LED _ Num[s];delay(1);CL3 = 1;
                CL2 = 0;P0 = LED _ Num[b];delay(1);CL2 = 1;
                CL1 = 0;P0 = LED _ Num[q];delay(1);CL1 = 1;
            }
        }
```

/ * * * * * * * * * * * * * *判断是哪个队加分或减分* * * * * * * * * * * * * * * * * * */

```
    void Key _ if(void)
    {
        if(Key1 = = 0)                         //当加分键按下时
        {    delay(1);                          //延时去抖动
            sum = sum + 1;                      //B队加1分

        }
        if(Key2 = = 0&&sum > = 1)               //减分键按下并且得分不少于1分
        {    delay(1);
            sum = sum - 1;                      //B队减1分
        }
        if(Key3 = = 0)
        {    delay(1);
            sum1 = sum1 + 1;                    //A队加1分
        }
          if(Key4 = = 0&&sum1 > = 1)
        {    delay(1);
            sum1 = sum1 - 1;                    //A队减1分
        }
        q = 0;
        b = sum/100;                            //求出分值的百位
        s = sum/10 - b * 10;                    //求出十位
        g = sum % 10;                           //求出个位
        q1 = 0;
        b1 = sum1/100;
        s1 = sum1/10 - b * 10;
        g1 = sum1 % 10;
    }
```

/ *延时函数* */

```
    void delay(uchar x)
    {    uchar k;
        while(x - -)
        for(k = 0;k<125;k + +);
    }
```

4. 仿真操作

(1) 装入 HEX 文件，单击界面左下方的"运行"按钮。

(2) 仔细观察电路图及运行结果。

任务 2

99

提高训练

如何实现加、减、乘、除运算器的功能？

任务3　鸣嘀器设计与仿真

任务目标

熟悉声音的C语言编程序设计方法，熟悉发声和规律，会用查询方式及C中断方式编程序。

任务实施

1. 设计仿真电路图

（1）根据表4-3，在PROTUES元件中选择元件。

表4-3　　　　　　　　　　　元　件　表

元件名称	所属类	所属子类
AT89C51（单片机）	Microprocessor ICs	8051Family
MINRES4.7K（电阻4.7kΩ）	Resistors	All Sub
BUTTON	All-Categories	All Sub-Categories
7404	TTL 74LSseries	All Sub-Categories
SOUNDER	Speakers&sounders	All Sub-Categories

（2）设计图4-6所示的电路图。

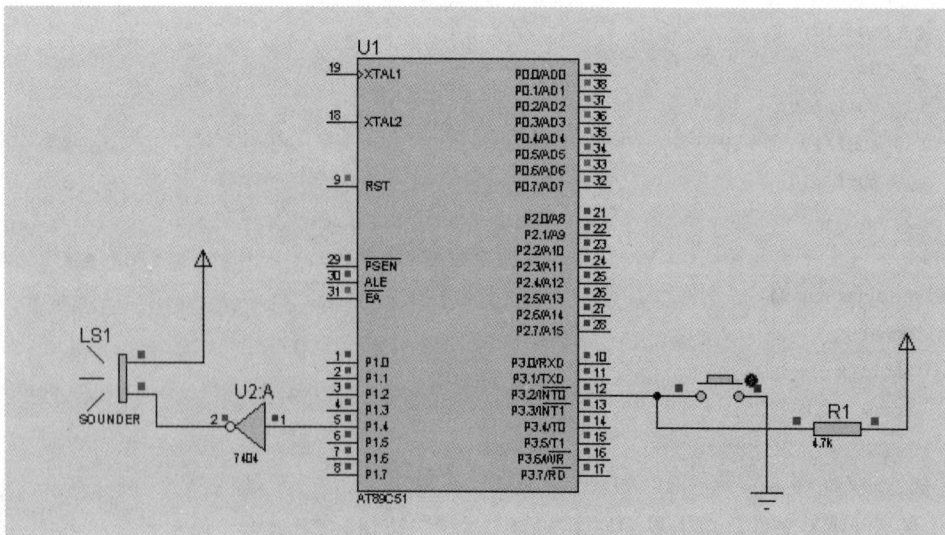

图4-6　鸣嘀仿真电路图

（3）保存文件名为"鸣嘀"的仿真电路图文件。

2. 程序设计分析

（1）声音的频谱范围约在几十到几千赫兹，若能利用程序来控制单片机的 P14 口线的"高"电平或"低"电平，则在该口线上就能产生一定频率的矩形波，接上喇叭就能发出一定频率的声音，若再利用延时程序控制"高"、"低"电平的持续时间，就能改变输出频率，从而改变音调。

要使喇叭发声，就要给 P14 脚上不同频率的电平信号。如果我们要想让喇叭发出"嘀——哒"、"嘀——哒"的鸣嘀声，只要给出 P14 脚的高低电平延时不同即可。

（2）当 P32 脚上的按键按下，就开始鸣嘀，鸣嘀的长短用循环值控制。判断鸣嘀按键是否按下即 P23 脚上有没有低电平，当键按下，就鸣嘀。我们可用查询方式，也可用中断方式来设计程序。

（3）用 void sound（void）函数处理鸣嘀。

3. 实现鸣嘀的程序

方法一：用查询法实现鸣嘀

```
#include <reg51.h>
#define uchar unsigned char
#define uint unsigned int
void delay1(uchar x);                //延时函数
void delay(uchar x);
void sound(void);                    //鸣嘀函数
sbit Star = P3^4;                    //开始按键
sbit Puse = P3^5;                    //停止按键
sbit Int_key = P3^2;                 //喇叭控制键
sbit music = P1^4;

void main(void)
{    music = 0;                      //初值喇叭不响
    while(1)
    {
        sound();
    }
}
/* * * * * * * * * * * * * * * * *鸣嘀查询法处理函数* * * * * * * * * * * * * * * * * */
void sound(void)
{
    uchar i,j;
    if(Int_key == 0)                 // 判断鸣嘀键是否按下,有就鸣嘀
    {    for(i = 0;i<8;i++)          //控制一种发音的时间
        {
            for(j = 0;j<250;j++)     //控制发音的频率,延时长,频率低些,音低
            {
                music = ~music;      //取反
                delay1(1);
            }
```

任务 3

101

```
        }
        for(i = 0;i<16;i + +)              //控制一种发音的时间
        {
          for(j = 0;j<250;j + +)//控制发音的频率,延时短,频率高些,音高
          {
              music = ~music;
              delay(1);
          }
        }
      }
      else
      {
          music = 0;
      }
    }
/* * * * * * * * * * * * * * * *延时函数* * * * * * * * * * * * * * * * * * * * * * * */
    void delay1(uchar x)
    {    uchar k;
        while(x - -)
        for(k = 0;k<225;k + +);
    }
    void delay(uchar x)
    {    uchar k;
        while(x - -)
        for(k = 0;k<125;k + +);
    }
```

方法二:用中断法实现鸣嘀

```
#include <reg51.h>
#define uchar unsigned char
#define uint unsigned int
void delay1(uchar x);
void delay(uchar x);
void sound(void);
sbit Star = P3^4;              //开始按键
sbit Puse = P3^5;              //停止按键
sbit Int_key = P3^2;           //喇叭控制键

sbit music = P1^4;

void main(void)
{    music = 0;                //初值喇叭不响
    EA = 1;                    //中断允许
    IT0 = 1;                   //下降沿触发中断
    ET0 = 1;                   //允许外部中断中断
```

```
            while(1)
            {
                ;//sound();
            }
        }
/* * * * * * * * * * * * * * * * * * *鸣嘀中断法处理函数* * * * * * * * * * * * * * * * * */
    void sound(void) interrupt 0 using 0
    {
        uchar i,j;
        if(Int_key = = 0)                    // 判断鸣嘀键是否按下,有就鸣嘀
        {   for(i = 0;i<8;i + +)             //控制一种发音的时间
            {
                for(j = 0;j<250;j + +)       //控制发音的频率,延时长,频率低些,音低
                {
                    music = ~music;          //取反
                    delay1(1);
                }
            }
            for(i = 0;i<16;i + +)            //控制一种发音的时间
            {
                for(j = 0;j<250;j + +)//控制发音的频率,延时短,频率高些,音高
                {
                    music = ~music;
                    delay(1);
                }
            }
        }
        else
        {
            music = 0;
        }
    }
/* * * * * * * * * * * * * * * * * * * *延时函数* * * * * * * * * * * * * * * * * * * * * */
    void delay1(uchar x)
    {   uchar k;
        while(x- -)
        for(k = 0;k<225;k + +);
    }

    void delay(uchar x)
    {   uchar k;
        while(x- -)
        for(k = 0;k<125;k + +);
    }
```

任务 3

4. 仿真操作

(1) 装入 HEX 文件，单击界面左下方的"运行"按钮，按下鸣嘀键。

(2) 仔细听声音，观察电路图中的电平的变化。

 提高训练

(1) 如何修改程序来改变鸣嘀的声音？

(2) 设计一个C程序实现唱"生日歌"的功能。

任务 4 篮球赛计分屏的设计制作与仿真

任务目标

(1) 通过在 PROTUES 软件环境下仿真篮球赛计分屏的使用过程，熟悉 74LS247 的工作原理及其与单片机的接口方法。

(2) 熟悉 74LS247 在单片机中的使用及 C 程序设计方法。

(3) 熟悉单片机定时/计数器的使用及 C 程序的设计。

(4) 完成篮球赛计分屏的设计制作与仿真。

任务实施

1. 设计仿真电路图

(1) 根据表 4-4，在 PROTUES 元件中选择元件。

表 4-4　　　　　　　　　　　　　　　　　　元 件 表

元件名称	所属类	所属子类
AT89C51 (单片机)	Microprocessor ICs	8051Family
7SEG-MPX4-CA-BKUE	Optoelectronics	7-Segment-Display
7SEG-MPX4-CA	Optoelectronics	7-Segment-Display
SW-SPDT	Switches & Relays	
74LS247	TTL 74LSseries	All Sub-Categories
MINRES4.7K (电阻 4.7kΩ)	Resistors	All Sub
BUTTON	All-Categories	All Sub-Categories
7404	TTL 74LSseries	All Sub-Categories
SOUNDER	Speakers&sounders	All Sub-Categories

(2) 设计如图 4-1 所示的电路图。

(3) 保存文件名为"篮球赛计分屏仿真图"的仿真电路图文件。

2. 程序设计分析

根据功能要求：

(1) 要实现开始时所有显示屏上显示数字均为 0，在上电时使得 74LS247 输入端 A、B、C、D 为 0。

(2) 要实现先预置时间后并按开始按钮计时器才能开始计时，就要用条件限制：即：预值的

变量不为 0 并且开关拨到启动状态，这时才能启动定时器开始计时。

（3）要实现只有开始计时后，各队才能加分，必须用条件限制：时间不为 0 及加分按键按下，才能加 1 分；减分时还要限制分数不小于 1 分减分按键才起作用，每按一次减 1 分。

（4）实现在每节比赛结束或开始鸣嘀不影响其他操作，用中断方式处理鸣嘀过程。

3. 实现篮球赛计分屏完整的程序

```c
#include <reg51.h>
#define uchar unsigned char
#define uint unsigned int
void delay(uchar x);
void delay1(uchar x);
void Js _ Jf _ Scan(void);
void Key _ if(void);
void Js _ 50ms(void);
void Key _ Y(void);
void Ptime(uchar);
void sound(void);

sbit CL1 = P2^0;
sbit CL2 = P2^1;
sbit CL3 = P2^2;
sbit CL4 = P2^3;
sbit KL1 = P2^4;
sbit KL2 = P2^5;
sbit KL3 = P2^6;
sbit KL4 = P2^7;
sbit S1 = P1^3;
sbit S2 = P1^2;
sbit S3 = P1^1;
sbit S4 = P1^0;
sbit YK1 = P1^6;
sbit YK2 = P1^7;
sbit music = P1^4;

sbit Key1 = P3^0;
sbit Key2 = P3^1;
sbit Key3 = P3^4;
sbit Key4 = P3^5;
sbit Star = P3^6;
sbit Puse = P3^7;

int ms = 0,mg = 0,fs = 0,fg = 0,m = 0,f,fy,num = 0;
int g,s,b,q,sum = 0;              //蓝队定义个十百位
int g1,s1,b1,q1,sum1 = 0;          //红队定义个十百位
int
```

```
LED _ Num[ ] = {0x00,0x01,0x02,0x03,0x04,0x05,0x06,0x07,0x08,0x09,0x00};
    void main(void)
    {
        TMOD = 0x01;
        TH0 = (65535 - 50000)/256;
        TL0 = (65535 - 50000) % 256;
        music = 0;
        EA = 1;                         //开中断
        ET0 = 1;                        //允许定时器 0 溢出中断
        EX0 = 1;                        // 允许外部中断 0 中断
        IT0 = 1;                        //下降沿触发中断
        while(1)
        {
            Key _ Y();
            if(Star = = 0&&f! = 0&&Puse! = 0)
            {
                TR0 = 1;
                Key _ if();
            }
            else
            {
                TR0 = 0;
            }
            Js _ Jf _ Scan();
        }
    }
/* * * * * * * * * * * * * * *设置场次比赛时间* * * * * * * * * * * * * * * * * * * */
    void Key _ Y(void)
    {
        if(YK1 = = 0)
        {   delay(1);                   //延时去抖动
            fs = fs + 1;                //分十位加一分
            fy = fs * 10 + fg;          //求出预置时间的分钟值
            f = fy;
        }
        if(YK2 = = 0)
        {   delay(1);                   //延时去抖动
            fg = fg + 1;                //分个位加一分
            fy = fs * 10 + fg;          //求出预置时间的分钟值
            f = fy;
        }
        Js _ Jf _ Scan();
    }
/* * * * * * * * * * * * *T1 中断服务函数,每个 50ms 产生一次中断* * * * * * * * * * * */
```

```
    void Js_50ms(void) interrupt 1 using 1
    {
        TH0 = (65535 - 50000)/256;
        TL0 = (65535 - 50000) % 256;
        num + + ;
        Ptime(num);
    }
```
/* * * * * * * * * * * * * * * * *时间处理* */
```
    void Ptime(uchar time)
    {   if(time = = 20)
        {
            num = 0;
            m + + ;
            ms = m/10;
            mg = m % 10;
            if(m = = 10)
            {   m = 0;
                mg = m % 10;
                ms = m/10;
                f - - ;
                fs = f/10;
                fg = f % 10;
                if(f = = 0)
                {
                    TR0 = 0;
                }
            }
        }
    }
```
/* * * * * * * * * * * * * * *数码管动态扫描显示* * * * * * * * * * * * * * * * * * * */
```
    void Js_Jf_Scan(void)
    {
        uchar j;
        for(j = 0;j< = 5;j + + )
        {
            KL4 = 0;P0 = LED_Num[g1];delay(1);KL4 = 1;
            KL3 = 0;P0 = LED_Num[s1];delay(1);KL3 = 1;
            KL2 = 0;P0 = LED_Num[b1];delay(1);KL2 = 1;
            KL1 = 0;P0 = LED_Num[q1];delay(1);KL1 = 1;
            CL4 = 0;P0 = LED_Num[g];delay(1);CL4 = 1;
            CL3 = 0;P0 = LED_Num[s];delay(1);CL3 = 1;
            CL2 = 0;P0 = LED_Num[b];delay(1);CL2 = 1;
            CL1 = 0;P0 = LED_Num[q];delay(1);CL1 = 1;
            S4 = 0;P0 = LED_Num[mg];delay(1);S4 = 1;
```

任务
4

```
            S3 = 0;P0 = LED_Num[ms];delay(1);S3 = 1;
            S2 = 0;P0 = LED_Num[fg];delay(1);S2 = 1;
            S1 = 0;P0 = LED_Num[fs];delay(1);S1 = 1;
        }
    }
```

/ * 判断是哪个队加分或减分 * * * * * * * * * * * * * * * /

```
    void Key_if(void)
    {
        if(Key1 = = 0)                      //当加分该键按下时
        {    delay(1);                      //延时去抖动
            sum = sum + 1;                  //B队加1分
        }
        if(Key2 = = 0&&sum> = 1)            //减分键按下并且得分不少于1分
        {    delay(1);
            sum = sum - 1;                  //B队减1分
        }
        if(Key3 = = 0)
        {    delay(1);
            sum1 = sum1 + 1;                //A队加1分
        }
        if(Key4 = = 0&&sum1> = 1)
        {    delay(1);
            sum1 = sum1 - 1;                //A队减1分
        }
        q = 0;
        b = sum/100;
        s = sum/10 - b * 10;
        g = sum % 10;
        q1 = 0;
        b1 = sum1/100;
        s1 = sum1/10 - b * 10;
        g1 = sum1 % 10;
    }
```

/ * 时间到响哨 * /

```
    void sound(void) interrupt 0 using 0        //外部中断0
    {
        uchar i,j;
            for(i = 0;i<3;i + +)
            {
                for(j = 0;j<250;j + +)
                {
                    music = ~music;
                    delay1(1);
                }
```

```
                Js_Jf_Scan();
            }
        for(i = 0;i<6;i++)
        {
            for(j = 0;j<250;j++)
            {
                music = ~music;
                delay(1);
            }
            Js_Jf_Scan();
        }
    }
/* * * * * * * * * * * * * * * * * * * 延时 * * * * * * * * * * * * * * * * * * * */
    void delay(uchar x)
    {   uchar k;
        while(x--)
        for(k = 0;k<125;k++);
    }

    void delay1(uchar x)
    {   uchar k;
        while(x--)
        for(k = 0;k<125;k++);
    }
```

4. 仿真操作

（1）装入 HEX 文件，单击界面左下方的"运行"按钮。

（2）按时间预置"分钟十位加 1"键，预置每节比赛时间为 20min，再将开始拨到启动位置，仔细观察电路中计时屏上时间的变化，再按两队的加分按钮；记录你所看到的运行过程。

（3）按 A、B 队的加分键，再按 A、B 队的减分键，观察电路中两队计分屏上数值的变化。

（4）将开关拨到停止位置，按下去"鸣嘀"键。

（5）仔细听声音，观察电路图中的电平的变化。

（6）做好操作记录。

提高训练

如何增加场次显示屏？程序如何设计？

经验总结

在本项目设计过程中有下面几点是值得注意的。

（1）项目使用的数码管及按键较多，合理确定数码管的位口和字型口的接口地址很重要。

（2）数码管使用动态扫描实现显示，三个 4 位的数码管使用同一个 74LS47 译码/驱动器。

任务 4

（3）使用处部中断实现"鸣嘀"。

（4）电路设计中，使用驱动芯片以满足驱动电流的需求。我们在仿真电路中用 7404，而在实现在电路中用三极管 9013 驱动数码管位线，用 9013 组成达林顿放大器驱动喇叭。

相关知识

相关知识 1　BCD——七段数码管驱动/译码器

常用的 BCD 对七段显示器译码器/驱动器的 IC 包装计有 TTL 之 7446、7447、7448、7449 与 CMOS 之 4511 等。其中 7446、7447 必须使用共阳极七段显示器，7448、7449、4511 等则使用共阴极七段显示器。

74LS247 的功能用于将 BCD 码转化成数码块中的数字，通过它解码，可以直接把数字转换为数码管的显示数字，从而简化了程序，节约了单片机的 I/O 开销，因此是一个非常好的芯片。

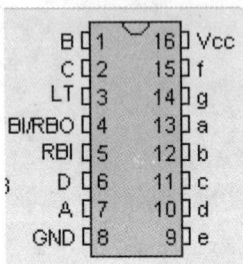

1.74LS247 及 74LS248 的引脚及功能

74LS247 及 74LS48 的引脚如图 4-7 所示。

引脚的功能：

（1）A、B、C、D 为输入端，abcdefg 为输出端。

当输入 DCBA＝0010 时 则输出 abcdefg＝0010010，使数码管显示"2"。

当输入 DCBA＝0110 时，输出 abcdeg＝1100000，使数码管显示"6"。关系如表 4-5 所示。

图 4-7　74LS247 引脚图

表 4-5　　　　　　　　　　　　　BCD 七段译码器真值表

输　入				输　　出							字　形
D	C	B	A	F_a	F_b	F_c	F_d	F_e	F_f	F_g	
0	0	0	0	1	1	1	1	1	1	0	
0	0	0	1	0	1	1	0	0	0	0	
0	0	1	0	1	1	0	1	1	0	1	
0	0	1	1	1	1	1	1	0	0	1	
0	1	0	0	0	1	1	0	0	1	1	
0	1	0	1	1	0	1	1	0	1	1	
0	1	1	0	0	0	1	1	1	1	1	
0	1	1	1	1	1	1	0	0	0	0	
1	0	0	0	1	1	1	1	1	1	1	
1	0	0	1	1	1	1	0	0	1	1	

（2）LT、RBI 与 BI/RBO 为控制脚，其功能分述如下。

74LS47 电路是由与非门、输入缓冲器和 7 个与或非门组成的 BCD-7 段译码器/驱动器。7 个与非门和一个驱动器成对连接，以产生可用的 BCD 数据及其补码至 7 个与或非译码门。剩下的与非门和 3 个输入缓冲器作为试灯输入（LT）端、灭灯输入/动态灭灯输出（BI/RBO）端及动态灭灯输入（RBI）端。

该电路接受 4 位二进制编码—十进制数（BCD）输入并借助于辅助输入端状态将输入数据译码后去驱动一个七段显示器。输出结构设计成能承受 7 段显示所需要的相当高的电压。驱动显示器各段所需的高达 24mA 的电流可以由其高性能的输出晶体管来直接提供。BCD 输入计数 9 以上的显示图案是鉴定输入条件的唯一信号。

该电路有自动前、后沿灭零控制（RBI 和 RBO）。试灯（LT）可在端处在高电平的任何时刻去进行，该电路还含有一个灭灯输入（BI），它用来控制灯的亮度或禁止输出。

1）当需要 0~15 的输出功能时，灭灯输入（BI）必须为开路或保持在高逻辑电平，若不要灭掉十进制零，则动态灭灯输入（RBI）必须开路或处于高逻辑电平。

2）当低逻辑电平直接加到灭灯输入（BI）时，不管其他任何输入端的电平如何，所有段的输出端都关死。

3）当动态灭灯输入（RBI）和 输入端 A、B、C、D 都处于低电平而试灯输入（LT）为高时，则所有段的输出端进入关闭且动态灭灯输出（RBO）处于低电平（响应条件）。

4）当灭灯输入/动态灭灯输出（BI/RBO）开路或保持在高电平，且将低电平加到试灯输入（LT）时，所有段的输出端都得打开。

注：BI/RBO 是用作灭灯输入（BI）与/或动态灭灯输出（RBO）的线与逻辑。

相关知识

相关知识 2　发音原理及音乐知识

1. 声音的产生

我们知道，声音的频谱范围约在几十到几千赫兹（一般音频的范围：200Hz~20kHz），若能利用程序来控制单片机某个口线的"高"电平或低电平，则在该口线上就能产生一定频率的矩形波，接上喇叭就能发出一定频率的声音，若再利用延时程序控制"高"、"低"电平的持续时间，就能改变输出频率，从而改变音调。

2. 音调（音阶）的产生

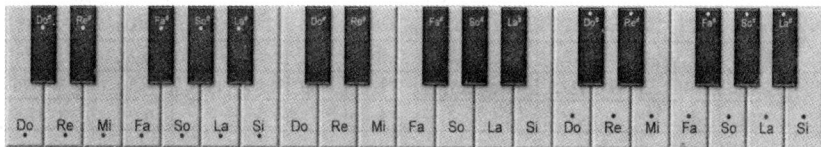

图 4-8　音阶

一首音乐是许多不同的音阶组成的，而每个音阶对应着不同的频率，这样我们就可以利用不同的频率的组合，构成想要的音乐了。当然对于单片机来说，产生不同的频率非常方便，我们可以利用单片机的定时/计数器 T0 来产生这样方波频率信号。因此，我们只要把一首歌曲的音阶对应频率关系确定即可。现在以单片机 12MHz 晶振为例，列出高中低音符与单片机计数 T0 相关的计数值如表 4-6 所示。

表 4-6 　　　　　　　　　　　　　　C 调各音符频率与计数值对照表

音符	频率（Hz）	简谱码（T值）	音符	频率（Hz）	简谱码（T值）
低 1 DO	262	63628	♯ 4 FA♯	740	64860
♯ 1 DO♯	277	63731	中 5 SO	784	64898
低 2 RE	294	63835	♯ 5 SO♯	831	64934
♯ 2 RE♯	311	63928	中 6 LA	880	64968
低 3 M	330	64021	♯ 6	932	64994
低 4 FA	349	64103	中 7 SI	988	65030
♯ 4 FA♯	370	64185	高 1 DO	1046	65058
低 5 SO	392	64260	♯ 1 DO♯	1109	65085
♯ 5 SO♯	415	64331	高 2 RE	1175	65110
低 6 LA	440	64400	♯ 2 RE♯	1245	65134
♯ 6	466	64463	高 3 M	1318	65157
低 7 SI	494	64524	高 4 FA	1397	65178
中 1 DO	523	64580	♯ 4 FA♯	1480	65198
♯ 1 DO♯	554	64633	高 5 SO	1568	65217
中 2 RE	587	64684	♯ 5 SO♯	1661	65235
♯ 2 RE♯	622	64732	高 6 LA	1760	65252
中 3 M	659	64777	♯ 6	1865	65268
中 4 FA	698	64820	高 7 SI	1967	65283

3. 节拍的产生

节拍是发声时间的长短。如 1 拍为 0.4s，1/4 拍就为 0.1s，其他节拍都是它们的倍数，只要设定延时时间即可。

节拍也是用延时子程序或定时器中断实现的。如 1/4 拍一次延时 0.1s，1 拍延时 4 次 0.1s。如表 4-7 和表 4-8 所示。

表 4-7 　　　　　　　　　　　　　　1/4 和 1/8 节拍码对照表

1/4 节拍码对照表		1/8 节拍码对照表	
节 拍 码	节 拍 数	节 拍 码	节 拍 数
1	1/4 拍	1	1/8 拍
2	2/4 拍	2	1/4 拍
3	3/4 拍	3	3/8 拍
4	1 拍	4	1/2 拍
5	1 又 1/4 拍	5	5/8 拍
6	1 又 2/4 (1/2) 拍	6	3/4 拍
8	2 拍	8	1 拍
A	2 又 1/2 拍	A	1 又 1/4 拍
C	3 拍	C	1 又 1/2 拍
F	3 又 3/4 拍		

表 4-8 　　　　　　　　　　　　音乐的音拍，一个节拍为单位（C 调）

曲调值	延时（Delay）	曲调值	延时（Delay）
调 4/4	125ms	调 4/4	62ms
调 3/4	187ms	调 3/4	94ms
调 2/4	250ms	调 2/4	125ms

对于不同的曲调我们也可以用单片机的另外一个定时/计数器来完成。用 AT89S51 单片机产生一首"生日快乐"歌曲来说明单片机如何产生的。在这个程序中用到了两个定时/计数器来完成。其中 T0 用来产生音符频率，T1 用来产生音拍。

```c
#include <AT89X51.H>
unsigned char code table[] = {0x3f,0x06,0x5b,0x4f,
                              0x66,0x6d,0x7d,0x07,
                              0x7f,0x6f,0x77,0x7c,
                              0x39,0x5e,0x79,0x71};
unsigned char temp;
unsigned char key;
unsigned char i,j;
unsigned char STH0;
unsigned char STL0;
unsigned int code tab[] = {64021,64103,64260,64400,
                           64524,64580,64684,64777,
                           64820,64898,64968,65030,
                           65058,65110,65157,65178};


void main(void)
{
TMOD = 0x01;
ET0 = 1;
EA = 1;

while(1)
    {
        P3 = 0xff;
        P3_4 = 0;
        temp = P3;
        temp = temp & 0x0f;
        if (temp! = 0x0f)
          {
            for(i = 50;i>0;i--)
            for(j = 200;j>0;j--);
            temp = P3;
            temp = temp & 0x0f;
            if (temp! = 0x0f)
              {
                temp = P3;
                temp = temp & 0x0f;
                switch(temp)
                  {
                    case 0x0e:
                      key = 0;
```

```
                        break;
                    case 0x0d:
                        key = 1;
                        break;
                    case 0x0b:
                        key = 2;
                        break;
                    case 0x07:
                        key = 3;
                        break;
                        }
                    temp = P3;
                    P1 _ 0 = ~P1 _ 0;
                    P0 = table[key];
                    STH0 = tab[key]/256;
                    STL0 = tab[key] % 256;
                    TR0 = 1;
                    temp = temp & 0x0f;
                    while(temp! = 0x0f)
                      {
                        temp = P3;
                        temp = temp & 0x0f;
                      }
                    TR0 = 0;
                }
            }

    P3 = 0xff;
    P3 _ 5 = 0;
    temp = P3;
    temp = temp & 0x0f;
    if (temp! = 0x0f)
      {
        for(i = 50; i>0; i − −)
        for(j = 200; j>0; j − −);
        temp = P3;
        temp = temp & 0x0f;
        if (temp! = 0x0f)
          {
            temp = P3;
            temp = temp & 0x0f;
            switch(temp)
              {
                case 0x0e:
```

```
                              key = 4;
                              break;
                          case 0x0d:
                              key = 5;
                              break;
                          case 0x0b:
                              key = 6;
                              break;
                          case 0x07:
                              key = 7;
                              break;
                      }
                  temp = P3;
                  P1 _ 0 = ~P1 _ 0;
                  P0 = table[key];
                  STH0 = tab[key]/256;
                  STL0 = tab[key] % 256;
                  TR0 = 1;
                  temp = temp & 0x0f;
                  while(temp! = 0x0f)
                    {
                        temp = P3;
                        temp = temp & 0x0f;
                    }
                  TR0 = 0;
              }
          }

  P3 = 0xff;
  P3 _ 6 = 0;
  temp = P3;
  temp = temp & 0x0f;
  if (temp! = 0x0f)
    {
        for(i = 50;i>0;i- -)
        for(j = 200;j>0;j- -);
        temp = P3;
        temp = temp & 0x0f;
        if (temp! = 0x0f)
          {
              temp = P3;
              temp = temp & 0x0f;
              switch(temp)
                {
```

```
        case 0x0e:
            key = 8;
            break;
        case 0x0d:
            key = 9;
            break;
        case 0x0b:
            key = 10;
            break;
        case 0x07:
            key = 11;
            break;
        }
    temp = P3;
    P1 _ 0 = ~P1 _ 0;
    P0 = table[key];
    STH0 = tab[key]/256;
    STL0 = tab[key] % 256;
    TR0 = 1;
    temp = temp & 0x0f;
    while(temp! = 0x0f)
        {
            temp = P3;
            temp = temp & 0x0f;
        }
    TR0 = 0;
    }
    }

P3 = 0xff;
P3 _ 7 = 0;
temp = P3;
temp = temp & 0x0f;
if (temp! = 0x0f)
    {
        for(i = 50;i>0;i- -)
        for(j = 200;j>0;j- -);
        temp = P3;
        temp = temp & 0x0f;
        if (temp! = 0x0f)
            {
                temp = P3;
                temp = temp & 0x0f;
                switch(temp)
```

```
            {
              case 0x0e:
                key = 12;
                break;
              case 0x0d:
                key = 13;
                break;
              case 0x0b:
                key = 14;
                break;
              case 0x07:
                key = 15;
                break;
            }
          temp = P3;
          P1 _ 0 = ~P1 _ 0;
          P0 = table[key];
          STH0 = tab[key]/256;
          STL0 = tab[key] % 256;
          TR0 = 1;
          temp = temp & 0x0f;
          while(temp! = 0x0f)
              {
                temp = P3;
                temp = temp & 0x0f;
              }
          TR0 = 0;
        }
      }
    }
}

void t0(void) interrupt 1 using 0
{
    TH0 = STH0;
    TL0 = STL0;
    P1 _ 0 = ~P1 _ 0;
}
```

提高训练

设计一个带有音乐闹铃的电子钟。

项目五 双机通信的设计与仿真

一、项目设计目标

1. 预期目标

在 PROTUES 仿真软件下实现 4×3 键盘和串行通信的应用及仿真。

2. 促成目标

（1）通过在 PROTUES 软件环境下仿真两只手机通信的过程，熟悉键盘的工作原理及其与单片机的接口方法。

（2）熟悉单片机与微机的通信 C 程序的设计方法。

（3）熟悉键盘 C 程序设计方法。

（4）熟悉单片机串行口的使用及 C 程序的设计。

二、项目设计任务

（1）能用 4×3 键盘作为输入器件并能正确地与单片机连接。

（2）能设计出实现电路图及 C 程序。

（3）能调试并运行程序。

（4）会创建 HEX 文件。

（5）能将 HEX 文件装入单片机，并进行仿真。

三、项目设计方案

1. 仿真电路设计方案

（1）用 4×3 的矩阵键盘作为输入器件。

（2）用 4 个 1 位共阴极的数码管作为 A、B 两机的输出显示，每个机用两个 1 位的数码管，一位用于显示接收的数据，一位用于显示本机键位的键值。

（3）键盘的列线接到与门的输入端上，与门的输出端接到单片机的 P32（外部中断 0）上，只要有接键就会产生一个外部中断信号。

（4）在 P33 上接一个发送数据按键，当该键按下，就向对方发送数据。

（5）P1 口的 P10～P12 三根线接键盘的列线，P13～P16 接键盘的四根行线。如图 5-1 所示。

2. 程序设计方案

（1）程序功能：

1）能本机显示按键的数值。

2）能向对方机发送按键的数。

3）能接收对方机发送的数并显示。

4）发送数及按键用中断实现。

5）用串行口的双全工方式通信。

（2）程序要求：

1）没有按键盘，不能发送键数据。

2）A机和B机可以互发互收。

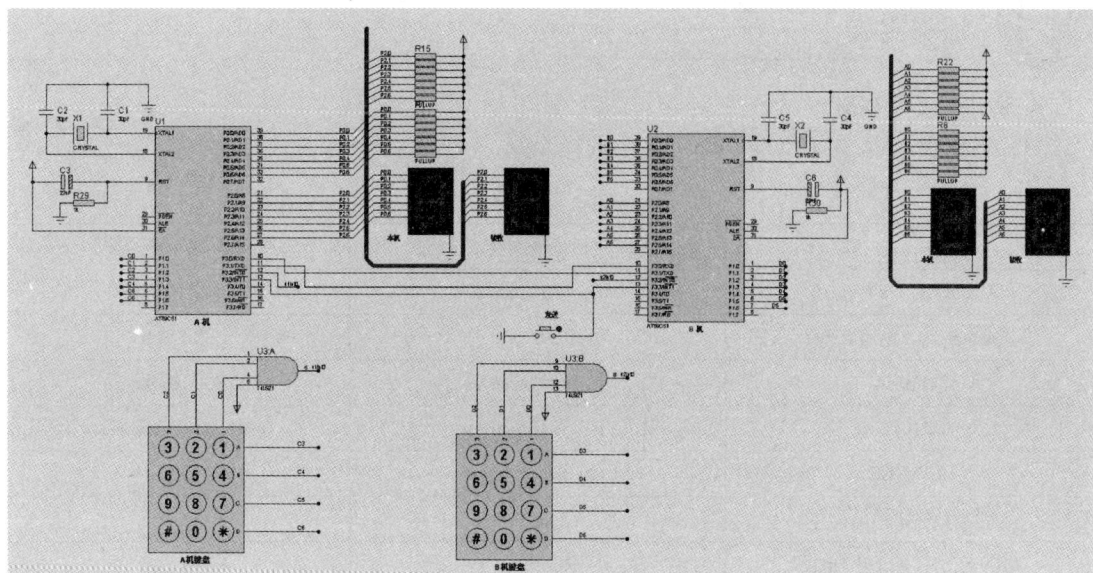

图 5-1 双机通信仿真图

四、项目实施过程

（1）在PROTUES环境下打开光盘中的"项目五"文件夹中的"P5.DSN"文件，进入如图5-1所示的仿真界面。

（2）单击界面左下方播放器的"Play"按钮：

1）按A机键盘上的键，观察A机上数码管显示的对应数字。

2）按"发送"键，观察B机上数码管显示的数字。

3）按B机键盘上的键，观察B机上数码管显示的对应数字。

4）按"发送"键，观察A机上数码管显示的数字。

（3）记录整个操作过程。

（4）想一想如何才能实现这些功能呢？

下面我们就一步步实现吧。

任务 1　串行口发送数据的设计与仿真

任务目标

（1）了解串行通信和并行通信的含义。

（2）熟悉单片机串口用于并行输出口扩展的方法及应用。

（3）熟悉单片机串行口发送数据的工作方式及初值的设置，能写发送程序。

任务实施

1. 设计仿真电路图

（1）根据表5-1，在PROTUES元件中选择元件。

表 5-1 元 件 表

元 件 名 称	所 属 类	所 属 子 类
AT89C51（单片机）	Microprocessor ICs	8051Family
MINRES220（电阻 220Ω）	Resistors	All Sub
74LS164	TTL 74LSseries	All Sub- Categories
7404	TTL 74LSseries	All Sub-Categories
LED-RED	Optoelectr0nics	LEDs
CAP	Capacitors	Generic
MINRES1K（电阻 1kΩ）	Resistors	All Sub

（2）设计图5-2所示的电路图。74LS164的数据线与单片机P30（RXD）连接，作为发送数据线使用；74LS164的时钟线与单片机的P31（TXD）连接，作为时钟线使用。

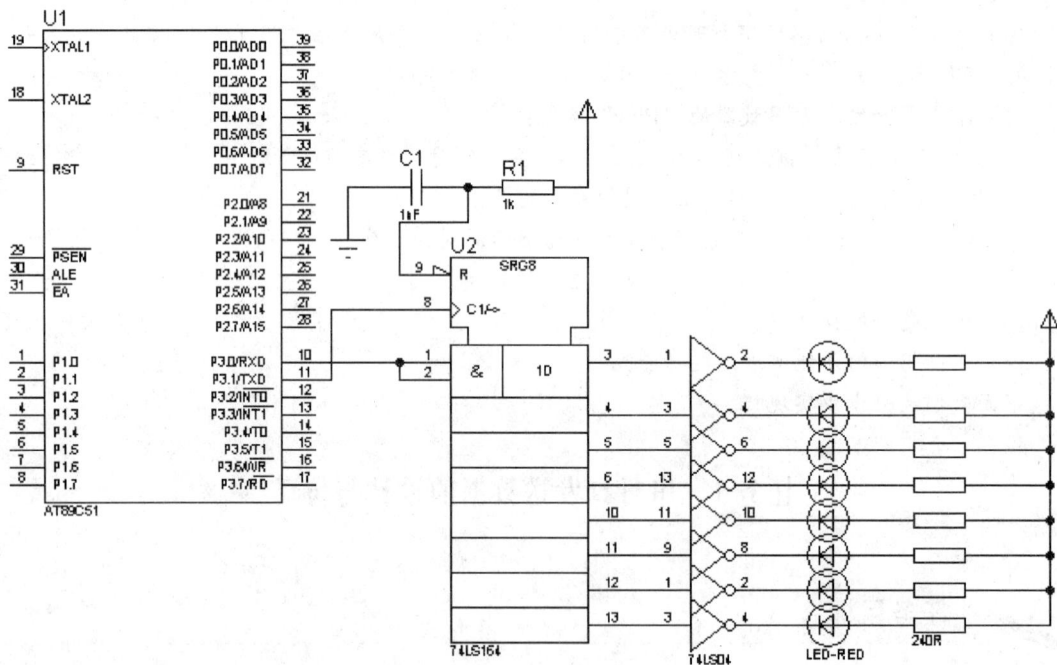

图 5-2 串行口发送数据仿真图

（3）保存文件名为"串行发送数据"的仿真电路图文件。

2. 程序设计分析

（1）图中单片机的串行口作为简单的串口输出，串行口工作方式设置为方式0，即串行控制寄存器 SCON 的值为 0x00。

(2) 使用 74LS164 的并行输出端接 8 个 LED，利用它串入并出的功能，把 LED 按预先规定的次序点亮。74LS164 的并行输出端线上输出高电平经过反相器 7404 使二极管亮。

设输出的数据为：0x00，0x81，0x42，0x24，0x18，0xff，0x00，0x18，0x24，0x42，0x81，0xff，即实现使 8 只 LED 开始全亮再从两边两两向中间亮，然后再向两边亮。

(3) 用 Tra () 函数处理发送数据。

3. 实现数据串行输出的程序

```c
# include <reg51.h>
# define uint unsigned int
# define uchar unsigned char
void delay(uint);
void Tra(void);      //发送函数
code uchar tab[] =
{0x00,0x81,0x42,0x24,0x18,0xff,0x00,0x18,0x24,0x42,0x81,0xff};

void main()
{
    SCON = 0x00;      //设置串行口工作方式 0,发送数据
    while(1)
    {
      Tra();          //调用发送函数
    }
}
/ * * * * * * * * * * * *发送数据函数* * * * * * * * * * * * * * * * * * * * * * * * /
void Tra(void)
{
    uchar i;
    for(i = 0;i<12;i + +)      //控制发送数组中的 12 个数据
    {
        SBUF = tab[i];      //将数组一个数据送到串行输出的数据缓冲器中
        while(TI = = 0);      //等待发送结束
        TI = 0;               //发送中断清 0
        delay(200);          //延时 LED 亮的时间
    }
}
/ * * * * * * * * * * * * * *延时函数* * * * * * * * * * * * * * * * * * * * * * * * /
void delay(uint x)
{uchar k;
while(x - -)
for(k = 0;k<255;k + +);
}
```

4. 仿真操作

(1) 装入 HEX 文件，单击界面左下方的"运行"按钮。

(2) 仔细观察电路图及运行结果。

121

提高训练

如果实现LED逐个循环亮?

任务2 串行口接收数据的设计与仿真

任务目标

(1) 掌握串口用于并行输入端口扩充的编程方法。

(2) 理解74LS165的工作原理。

(3) 熟悉单片机串行口接收数据的工作方式及初值的设置,能写接收数据程序。

任务实施

1. 设计仿真电路图

(1) 根据表5-2,在PROTUES元件中选择元件。

表 5-2   元 件 表

元 件 名 称	所 属 类	所 属 子 类
AT89C51(单片机)	Microprocessor ICs	8051Family
MINRES220(电阻220Ω)	Resistors	All Sub
74LS165	TTL 74LSseries	All Sub- Categories
LED-BLUE	Optoelectr0nics	LEDs
DIPSWC_8	Switchers & Relays	Switchers

(2) 设计图5-3所示的电路图。P10与74LS165的SH/LD连接,用P10控制SH/LD的高、低电平;74LS165的时钟线与单片机的P31(TXD)连接,作为时间信号线;74LS165的串行输出线SO与单片机的P30(RXD)连接,接收74LS165送来的串行数据。74LS165的数据输入端D0~D7与8位拨指开关DIP-SW连接,接收拨指开关的状态数据。

(3) 保存文件名为"串行接收数据"的仿真电路图文件。

2. 程序设计分析

(1) 图中单片机的串行口作为简单的串口输入,串行口工作方式设置为方式0,即串行控制寄存器SCON的值为0x10。

(2) 8路开关与74LS165的8数据线相连接,去控制P0口8路LED指示灯。由此可以看出通过165传输,只用了3条数据线,就实现了8个开关控制8个灯的目的。P10与74LS165的SH/LD脚连接,用P10控制SH/LD管脚,当P10=0输出低电平,74LS165将并行数据移入寄存器中,当P10=1;输出高电平,74LS165将并行数据存在寄存器中。禁止移入下一个数。

(3) 用Tra()函数处理发送数据。

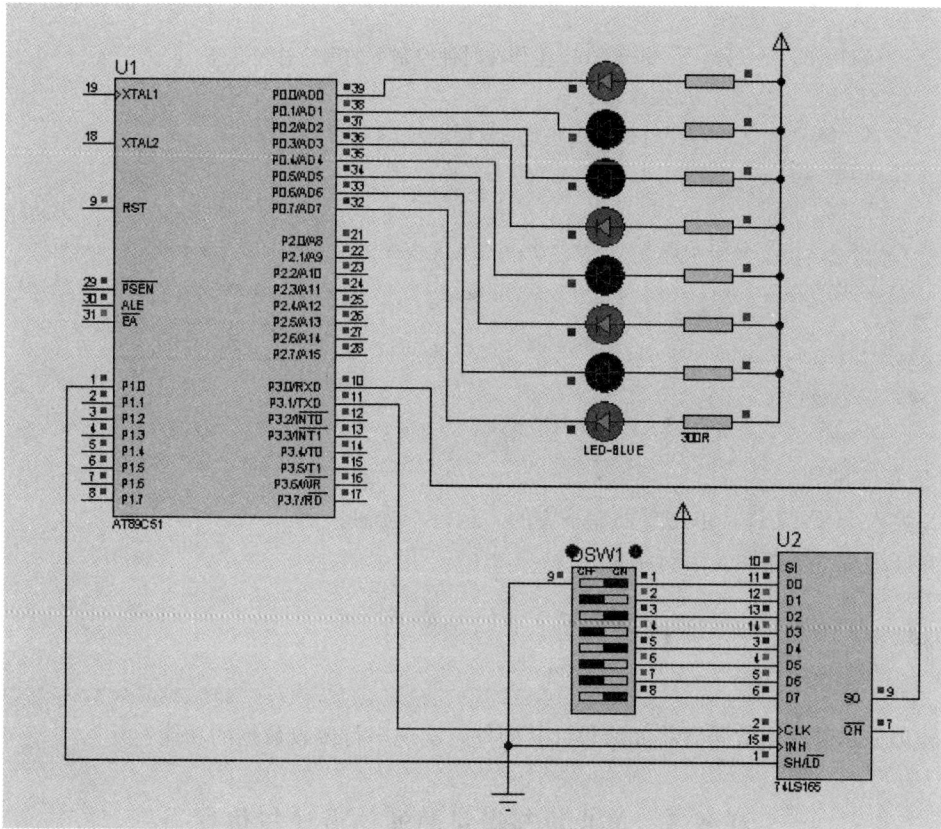

图 5-3 串行口接收数据仿真图

3. 实现数据串行输出的程序

```
#include <reg51.h>

#define uint unsigned int
#define uchar unsigned char
void delay(uint);
void rec(void);     //接收函数
sbit P10 = P1^0;    // 为移位/转入控制端
void main()
{
    SCON = 0x10;    //设置串行口工作方式 0,接收数据
    P0 = 0x00;
    while(1)
    {   P10 = 0;    // 74LS165 将并行数据移入/置入寄存器中
        P10 = 1;    // 74LS165 禁止数据置入寄存器中
        rec(); //串行接收函数
    }
}
/* * * * * * * * * * * * * *接收数据函数* * * * * * * * * * * * * * * * * * * */
void rec(void)
```

```
{
        while(RI = = 0);      //74LS165 工作在时钟控制下的串行移位状态
        RI = 0;               //接收完毕
        P0 = SBUF;            //串行接收缓冲器的数据送到 P0 口控制 LED
        delay(200);
}
/ * * * * * * * * *延时函数* * * * * * * * * * * * * * * * * * * * * * * * * * /
void delay(uint x)
{uchar k;
while(x - - )
for(k = 0;k<255;k + +);
}
```

4. 仿真操作

(1) 装入 HEX 文件，单击界面左下方的"运行"按钮。

(2) 仔细观察电路图及运行结果。

提高训练

当输出显示部件用数码管将如何设计软硬件，实现串行接收数据的功能？

任务3　单片机与微机的通信设计与仿真

任务目标

(1) 会编写 8051 单片机与微机串行通信的 C 程序。

(2) 熟悉 PROTEUS 虚拟终端的使用。

(3) 熟悉 PC 超级终端和 RS232 的使用。

(4) 能使用 MAX232 实现 51 和 PC 的通信。

任务实施

1. 设计仿真电路图

(1) 根据表 5-3，在 PROTUES 元件中选择元件。

表 5-3　　　　　　　　　　　　元 件 表

元 件 名 称	所 属 类	所 属 子 类
AT89C51 (单片机)	Microprocessor ICs	8051Family
MAX232	Microprocessor ICs	Peripherals
CAP	Capacitors	Generic
CONN-D9F	Connectors	D-Tpye

(2) 设计如图 5-4 所示的电路图。

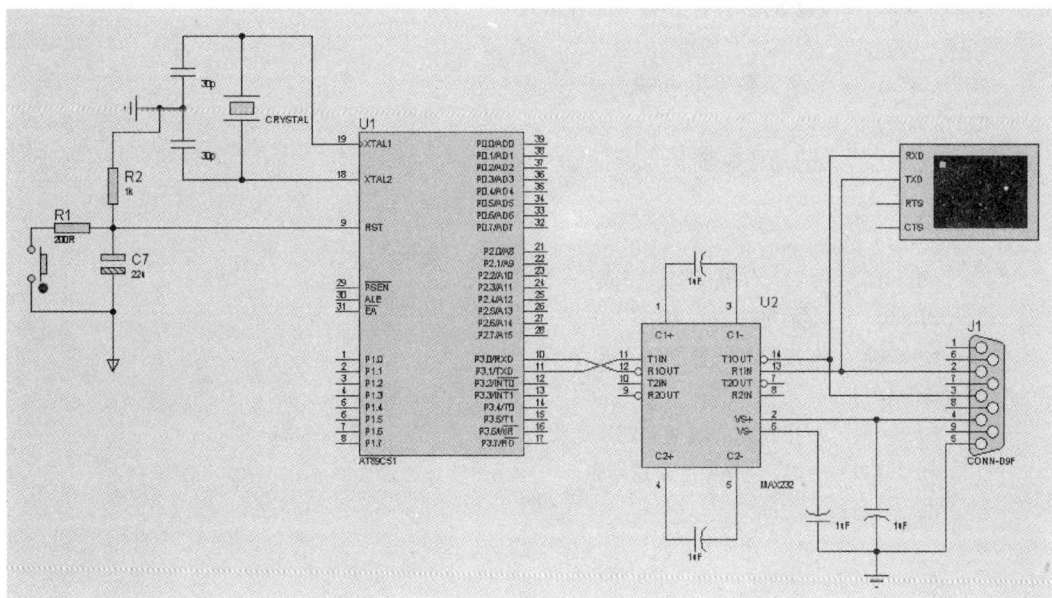

图 5-4　单片机与微机通信仿真图

在工具栏里点击""按钮，在对象选择器窗口中选择"VIRTUAL TERMINAL"虚拟示波器，如图 5-5 所示。

(3) 保存文件名为"8051 与微机通信"的仿真电路图文件。

2. 程序设计分析

(1) 根据串行通信的串行口工作方式的分类，我们可设置单片机与微机通信为工作方式 2 接收数据；设置定时/计数器 1，工作方式 2；波特率加倍；设置波特率为 4800。

(2) 初始化程序为：

SCON = 0x50;

TMOD = 0x20;

PCON = 0x80;

TH1 = 0xf3;

TL1 = 0xf3;

TR1 = 1;

图 5-5　选择示波器

3. 实现单片机与微机通信的程序

```
#include <reg51.h>
#include<intrins.h>

#define uint unsigned int
#define uchar unsigned char
void delay(uint);
void main()
{    uchar a;
```

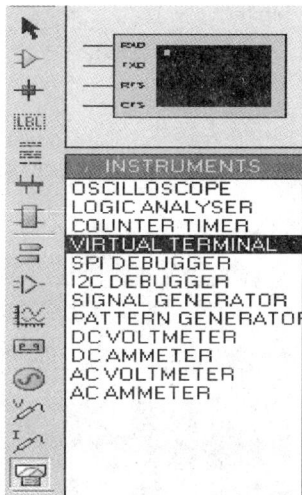

125

```
SCON = 0x50;    //设置串行口工作方式 2,接收数据
TMOD = 0x20;    //设置定时/计数器 1,工作方式 2
PCON = 0x80;        //波特率加倍
TH1 = 0xf3;     //设置波特率为 4800
TL1 = 0xf3;
TR1 = 1;        //启动计数器
while(1)
{
    while(RI = = 0); //等待接收完成
    RI = 0;     //清楚接收标志
    a = SBUF;   //接收到的数据送入缓存
    delay(1);
    SBUF = a;   //接收到的数据立即发送出去
    while(TI = = 0);   //等待发送结束
    delay(1);
}
}
void delay(uint x)
{uchar k;
while(x - - )
for(k = 0;k<255;k + +);
}
```

4. 仿真操作

（1）装入 HEX 文件，单击界面左下方的"运行"按钮，这时弹出虚拟显示器，如图 5-6 所示。

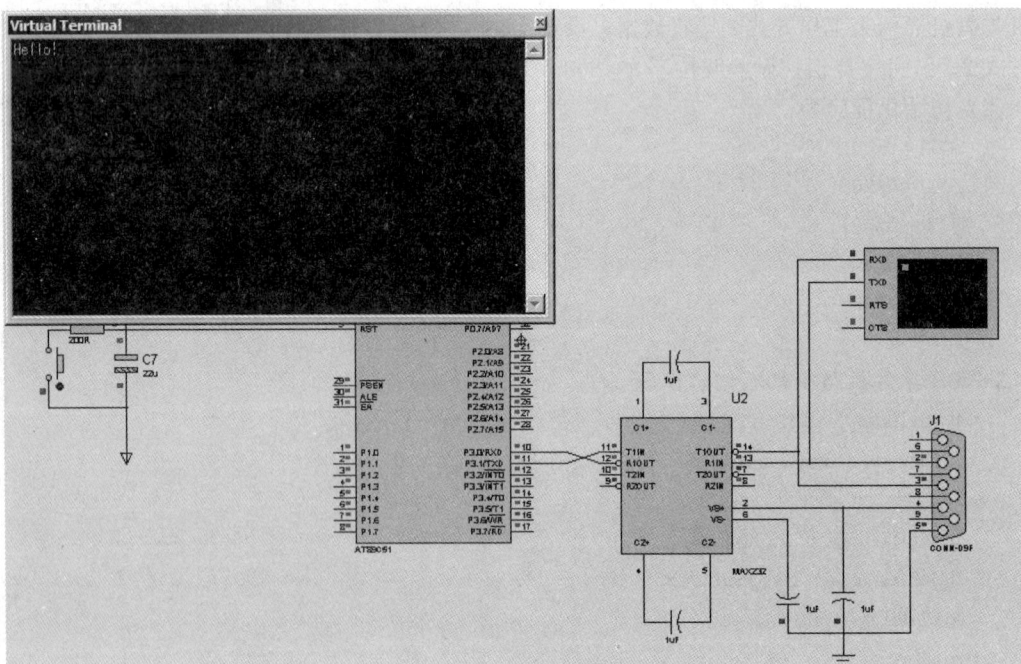

图 5-6　仿真通信界面图

（2）在微机的键盘上输入字符，如"Hello!"，仔细观察电路图及运行结果。

注意：

仿真结束后，单击仿真进程控制按钮的停止按钮结束仿真，不要关闭虚拟示波器显示屏，否则下次仿真虚拟示波器显示屏不出现，需要重新接虚拟示波器才可以仿真。

提高训练

如何制作一个实现单片机与微机通信的设备？

任务4　4×3键盘的设计与仿真

任务目标

熟悉键盘扫描的原理，会用查询方式及C中断方式设计键盘操作程序。

任务实施

1. 设计仿真电路图

（1）根据表5-4，在PROTUES元件中选择元件。

表5-4　　　　　　　　　　　　　元　件　表

元　件　名　称	所　属　类	所　属　子　类
AT89C51（单片机）	Microprocessor ICs	8051Family
MINRES4.7K（电阻4.7kΩ）	Resistors	All Sub
KEYPAD-PHONE	Switches & Relays	Keypads
74LS21	TTL 74LSseries	All Sub- Categories

（2）设计如图5-7（a）、（b）所示的电路图。

（3）分别保存文件名为"按键A"和"按键B"的仿真电路图文件。

2. 程序设计分析

（1）根据矩阵键盘扫描的原理，当有键按下时，键所在列线和行线上均为低电平，关键是要判断出是哪列哪行的键按下去了。判断按键位值的方法是：如果第一列（R1）上有键按下，则第一列为低电平，即P10=0；这时我们对行线逐个进行扫描判断，哪条行线为低电平，键就在哪行上。

（2）键值计算：由于键盘上数是按列列分布的，第一行的第一列为1，第二列为2，第三列为3；第二行的第一列为4，第二列为5，第三列为6；……因此可用下面公式计算键值：

键值＝行列数＋列　　即：Key _ Num＝line×3＋row

说明：

1）line初值为0，row初值为1。如第二列（row＝2）的第三行（line＝2）的键为8，则键值为：2×3＋2＝8。

2）键盘上的"＊"和"＃"键分别用"C"和"H"表示，其段码为"0x39"和"0x76"。

第一列键判断程序为：

127

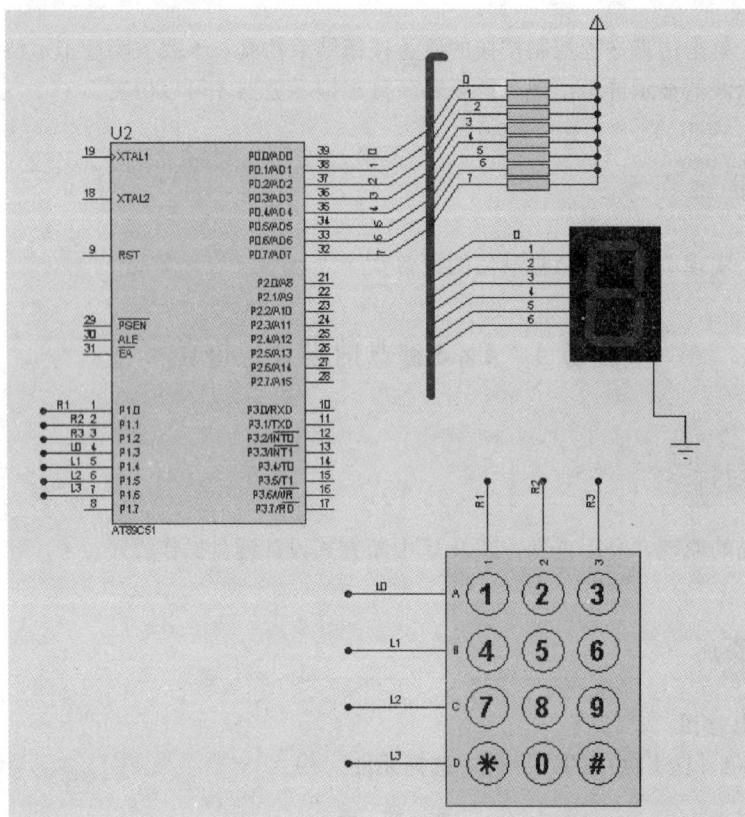

(a)

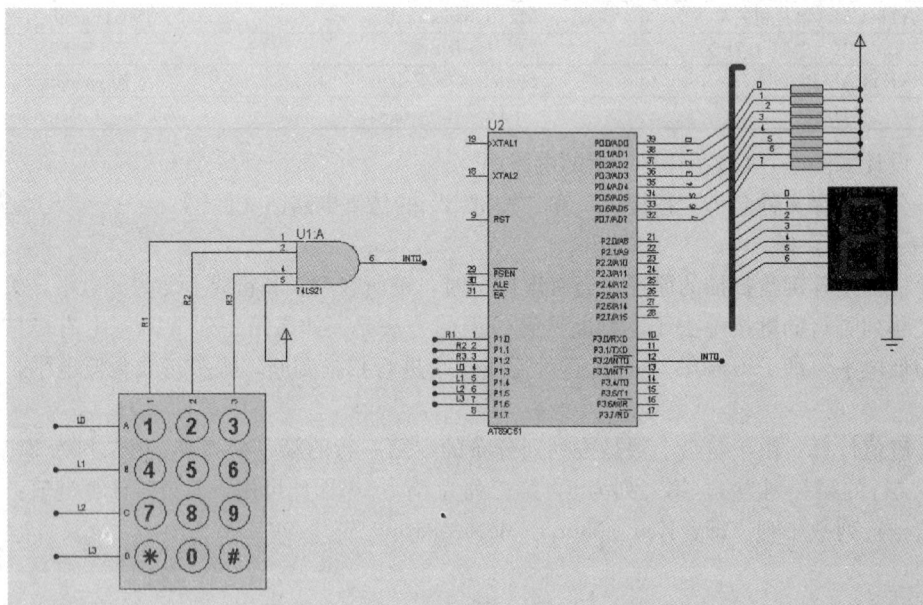

(b)

图 5-7 4×3 键盘仿真图

```c
#include <reg51.h>
#define uint unsigned int
#define uchar unsigned char
void delay(uint);
void LedScan(void);
uchar Key(void);       //键盘键的扫描判断
sbit P10 = P1^0;       //第1列
sbit P11 = P1^1;       //第2列
sbit P12 = P1^2;       //第3列
uchar LedOfNum[] =
{0x00,0x06,0x5b,0x4f,0x66,0x6d,0x7d,0x07,0x7f,0x6f,0x39};//共阴极段码
uchar Key_Num;         //键值(显示码)
void main(void)
{
  Key_Num = 0x00;      //初始没有键值显示
  while(1)
{ P1 - 0x07;          //设初始行为高电平,列为低电平
    Key_Num = Key();   //调用按键判断函数
    LedScan();         //调用数码管显示函数
}
}
/ * * * * * * * * * *按键判断函数 * * * * * * * * * * * * * * * * * * * * * * * * * * * /
uchar Key(void)
{
    uchar line,row;     //定义行、列
    delay(1);           //延时防抖动
    if(P10 == 0)        //如果 P10 = 0 则第一列有按键
{    row = 1;          //列值为 1
    P1 = 0xf7;        //设置第一行为 0 即 P13 = 0(低电平),判断 P10 是否为 0
    if(P10 == 0)      //如果 P10 仍为 0,则按键在第一行第一列
        line = 0;     ////line = 0,row = 1,计算键值
    else              //如 P10 不为 0,第一行没有按键,则去扫描第二行
    {
        P1 = 0xef;    //设 P14 = 0
        if(P10 == 0)  //如果 P10 仍为 0,则按键在第二行第一列
            line = 1; //line = 1,row = 1,计算键值
        else          //如 P10 不为 0,第二行没有按键,则去扫描第三行
        {
            P1 = 0xdf; //设 P15 = 0
            if(P10 == 0) //如果 P10 仍为 0,则按键在第三行第一列
                line = 2; //line = 2,row = 1,计算键值
            else //如 P10 不为 0,第三行没有按键,则去扫描第四行
            {
                P1 = 0xbf; //设 P16 = 0
```

```
                if(P10 = = 0) //如果 P10 仍为 0,则按键在第四行第一列
                    line = 3; //line = 3,row = 1,计算键值
            else    //如 P10 不为 0,说明第一没有按键
                return (0x00);返回 0x00,不显示
                }
            }
        }
    }
    else
    ;
    return( line * 3 + row);有按键,返回键值
}
/* * * * * * * * * *数码管显示函数* * * * * * * * * * * * * * * * * * * * * * */
void LedScan(void)
{
    P0 = LedOfNum[Key _ Num];delay(2);
}
/* * * * * * * * * * * * *延时函数* * * * * * * * * * * * * * * * * * * * * */
void delay(uint x)
{uchar k;
while(x - - )
for(k = 0;k<255;k + + );
}
```

(3) 观察分析上面的程序可见,判断每一个按键,除了行值不同（为 0xf7、0xef、0xdf、0xbf）外,其他语句相同。因此,我们把它们放在数组里,然后去读数组中的数就可以了,程序简化为:

第一列按键程序:

```
#include <reg51. h>

#define uint unsigned int
#define uchar unsigned char
void delay(uint);
void LedScan(void);
uchar Key(void);
sbit P10 = P1^0;
sbit P11 = P1^1;
sbit P12 = P1^2;
uchar LedOfNum[ ] =
{0x00,0x06,0x5b,0x4f,0x66,0x6d,0x7d,0x07,0x7f,0x6f,0x39,0x3f,0x76};
uchar ScanofNum[ ] = {0xf7,0xef,0xdf,0xbf};   //行扫描数
uchar Key _ Num;
void main(void)
{
    Key _ Num = 0x00;
```

```
    while(1)
{   P1 = 0x07;
    Key _ Num = Key();
    LedScan();
}
}
```

/ * * * * * * * *按键判断函数 * /

```
uchar Key(void)
{   bit a;
    uchar line, row, i;
    delay(1);
    if(P10 = = 0)
    {    row = 1;
        a = P10;
        for(i = 0;i<4;i + + )
        {   P1 = ScanofNum[i];
            if(P10 = = 0)
            line = i;
        }
    }
    else
    ;
    return( line * 3 + row);
}
```

/ * * * * * * * *数码管显示函数 * /

```
void LedScan(void)
{
    P0 = LedOfNum[Key _ Num];delay(2);
}
```

/ * * * * * * * * * * * * *延时函数 * /

```
void delay(uint x)
{uchar k;
while(x - - )
for(k = 0;k<255;k + + );
}
```

3. 实现按键的程序

用循环扫描法实现图 5-7 (a)。

```
# include <reg51. h>
# define uint unsigned int
# define uchar unsigned char
void delay(uint);
void LedScan(void);
uchar Key(void);
uchar LedOfNum[] =
```

```
{0x00,0x06,0x5b,0x4f,0x66,0x6d,0x7d,0x07,0x7f,0x6f,0x39,0x3f,0x76}; //段码
uchar ScanofNum[] = {0xf7,0xef,0xdf,0xbf};   //行扫描码
uchar r1;       //键值
void main(void)
{
  P0 = 0x00;
  while(1)
{   P1 = 0x07;
    r1 = Key();
    LedScan();
}
}
uchar Key(void)
{
    uchar line,row,i,j,x;
    delay(1);
    x = 0xfe;   //列
    for(j = 1;j<= 3;j++)
    {
      if(P1 == (P1&x))
      {    row = j;
          for(i = 0;i<4;i++)
          {   P1 = ScanofNum[i];
            if(P1 == (P1&x))
            {    line = i;
                break;
            }
          }
      }
      x = (x<<1) | 0x01;   //求下一列
    }
    return( line * 3 + row);
}

void LedScan(void)
{
      P0 = LedOfNum[r1];delay(2);
}
void delay(uint x)
{uchar k;
while(x--)
for(k = 0;k<255;k++);
}
```

4. 仿真操作

（1）生成 HEX 文件装入 A 图的 CPU 中，单击界面左下方的"运行"按钮。

（2）按键盘上各键，观察电路图中数码管是显示的数据变化。

提高训练

如何用中断法编写程序并仿真，实现图 5-7（b）电路中的键盘操作？

任务 5　双机通信的设计与仿真

任务目标

（1）用全双工数据传送法实现两机互相通信。
（2）完成双机通信的设计制作与仿真。

任务实施

1. 设计仿真电路图
（1）设计图 5-1 所示的电路图。
（2）保存文件名为"双机通信设计图"的仿真电路图文件。
2. 实现双机通信完整的程序

```
#include <reg51.h>
#define uint unsigned int
#define uchar unsigned char

void delay(uint);
void LedScan(void);
void Key(void);        //键盘扫描中断
void send_int(void);   //发送命令中断
void rec_int(void);    //串口中断接收数据
uchar LedOfNum[]=
{0x00,0x06,0x5b,0x4f,0x66,0x6d,0x7d,0x07,0x7f,0x6f,0x39,0x3f,0x76}; //段码
uchar ScanofNum[]={0xf7,0xef,0xdf,0xbf};   //行扫描码
uchar r1,r2;
void main(void)
{
  SCON=0x50;  //串口工作方式1,REN=1允许接收数据
  PCON=0x00;  //波特率不加倍
  TMOD=0x20;  // 定时器1工作在方式2
  TH1=0xf3;
  TL1=0xf3;
  TR1=1;
  EA=1;      //开中断
```

```
    EX0 = 1;
    EX1 = 1;
    ES = 1;
    P0 = 0x00;
    while(1)
{   P1 = 0x07;
    LedScan();
}
}
/ * * * * * * * * * * 键盘扫描外部中断0 * * * * * * * * * * /
void Key(void) interrupt 0 using 1
{
    uchar line, row, i, j, x;
    x = 0xfe;
    for(j = 1; j <= 3; j + +)
    {

        if(P1 = = (P1&x))
        {     row = j;
            for(i = 0; i < 4; i + +)
            {   P1 = ScanofNum[i];
                if(P1 = = (P1&x))
                {     line = i;
                    break;      //已找到按键,跳出循环
            }
            }
        }
        x = (x << 1) | 0x01;
    }
    r1 = line * 3 + row;
}
/ * * * * * * * * * * * * 发送命令外部中断1 * * * * * * * * * * * * /
void send _ int(void) interrupt 2 using 2
{
    ES = 0;
    SBUF = LedOfNum[r1];
    while(TI = = 0);
    TI = 0;
    ES = 1;
}
/ * * * * * * * * * * * * 串口中断接收数据 * * * * * * * * * * * * /
void rec _ int(void) interrupt 4 using 3
{
    RI = 0;
```

```
        r2 = SBUF;
}
void LedScan(void)
{
        P0 = LedOfNum[r1];delay(1);  //显示要发送的数据
        P2 = r2;delay(1);   //显示要接收的数据
}

void delay(uint x)
{uchar k;
while(x - - )
for(k = 0;k<255;k + + );
}
```

3. 仿真操作

提高训练

设计一个多位数码管显示收/发数据的双机通信。

相关知识

相关知识1　串行口的应用

一、串行通信的基础知识

串行数据通信要解决两个关键技术问题，一个是数据传送，另一个是数据转换。所谓数据传送就是指数据以什么形式进行传送。所谓数据转换就是指单片机在接收数据时，如何把接收到的串行数据转化为并行数据，单片机在发送数据时，如何把并行数据转换为串行数据进行发送。

1. 数据传送

单片机的串行通信使用的是异步串行通信，所谓异步就是指发送端和接收端使用的不是同一个时钟。异步串行通信通常以字符（或者字节）为单位组成字符帧传送。字符帧由发送端一帧一帧地传送，接收端通过传输线一帧一帧地接收。

（1）字符帧的帧格式。字符帧由四部分组成，分别是起始位、数据位、奇偶校验位、停止位。如图5-8所示。

1）起始位：位于字符帧的开头，只占一位，始终位于逻辑低电平，表示发送端开始发送一帧数据。

图5-8　一帧字符格式

2）数据位：紧跟起始位后，可取5、6、7、8位，低位在前，高位在后。

3）奇偶校验位：占一位，用于对字符传送作正确性检查，因此奇偶校验位是可选择的，共有三种可能，即奇校验、偶校验和无校验，由用户根据需要选定。

4）停止位：末尾，为逻辑"1"高电平，可取1、1.5、2位，表示一帧字符传送完毕。

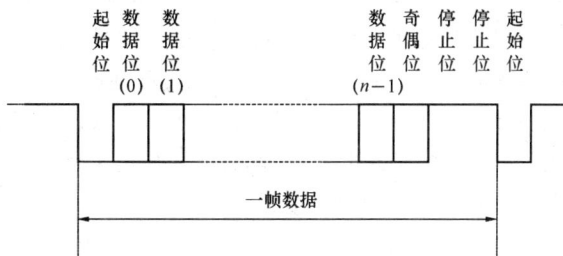

2. 传送的速率

串行通信的速率用波特率来表示，所谓波特率就是指一秒钟传送数据位的个数。每秒钟传送一个数据位就是1波特。即：1波特＝1bit/s（位/秒）。

在串行通信中，数据位的发送和接收分别由发送时钟脉冲和接收时钟脉冲进行定时控制。时钟频率高，则波特率高，通信速度就快；反之，时钟频率低，波特率就低，通信速度就慢。

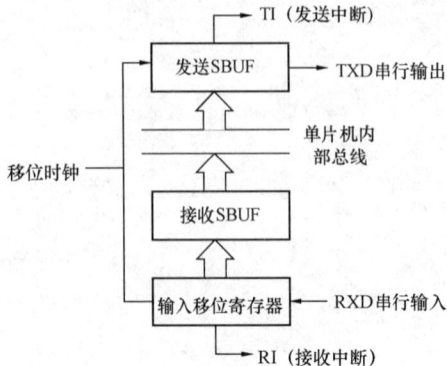

图5-9　串行接口电路

3. 数据转换

串行接口电路为用户提供了两个串行口缓冲寄存器（SBUF），一个称为发送缓存器，它的用途是接收片内总线送来的数据，即发送缓冲器只能写不能读。发送缓冲器中的数据通过TXD引脚向外传送。另一个称为接收缓冲器，它的用途是向片内总线发送数据，即接收缓冲器只能读不能写。接收缓冲器通过RXD引脚接收数据。因为这两个缓冲器一个只能写，一个只能读，所以共用一个地址99H。串行接口电路如图5-9所示。

二、MCS-51单片机串行通信的控制寄存器

1. 串行口控制寄存器（SCON）

SCON是MCS-51单片机的一个可位寻址的专用寄存器，用于串行数据通信的控制。单元地址为98H，位地址为98H～9FH。寄存器的内容及位地址表示如下：

位地址	9FH	9EH	9DH	9CH	9BH	9AH	99H	98H
位符号	SM0	SM1	SM2	REN	TB8	RB8	TI	RI

各位的说明如下：

1）SM0 、SM1：串行口工作方式选择位。其状态组合和对应工作方式如表5-5所示。

表5-5　　　　　**工　作　方　式**

SM0	SM1	工　作　方　式
0	0	方式0
0	1	方式1
1	0	方式2
1	1	方式3

2）M2：允许方式2、3的多机通信控制位。

在方式2和3中，若SM2＝1且接收到的第9位数据（RB8）为1，才将接收到的前8位数据送入接收SBUF中，并置位RI产生中断请求；否则丢弃前8位数据。若SM2＝0，则不论第9位数据（RB8）为1还是为0，都将前8位送入接收SBUF中，并产生中断请求。

方式0时，SM2必须置0。

3）REN：允许接收位。

　　REN＝0　　　禁止接收数据

　　REN＝1　　　允许接收数据

4）TB8：发送数据位8。在方式2、3时，TB8的内容是要发送的第9位数据，其值由用户通过软件来设置。

5）RB8：接收数据位8。

在方式2、3时，RB8是接收的第9位数据。

在方式 1 时，RB8 是接收的停止位。

在方式 0 时，不使用 RB8。

6）TI：发送中断标志位。在方式 0 时，发送完第 8 位数据后，该位由硬件置位。

在其他方式下，于发送停止位之前，由硬件置位。因此，TI=1 表示帧发送结束，其状态既可供软件查询使用，也可请求中断。TI 由软件清"0"。

7）RI：接收中断标志位。在方式 0 时，接收完第 8 位数据后，该位由硬件置位。

在其他方式下，于接收到停止位之前，该位由硬件置位。因此，RI=1 表示帧接收结束，其状态既可供软件查询使用，也可请求中断。RI 由软件清"0"。

2. 电源控制寄存器（PCON）

PCON 不可位寻址，字节地址为 87H。它主要是为 CHMOS 型单片机 80C51 的电源控制而设置的专用寄存器。其内容如下：

位序	D7	D6	D5	D4	D3	D2	D1	D0
位符号	SMOD	—	—	—	GF1	GF0	PD	IDL

与串行通信有关的只有 D7 位（SMOD），该位为波特率倍增位，当 SMOD=1 时，串行口波特率增加一倍，当 SMOD=0 时，串行口波特率为设定值。当系统复位时，SMOD=0。

3. MCS-51 单片机串行通信工作方式

串行口的工作方式由 SM0 和 SM1 确定，编码和功能如表 5-6 所示。

表 5-6 工 作 方 式

SM0	SM1	方式	功能说明	波特率
0	0	方式 0	移位寄存器方式	fosc/12
0	1	方式 1	8 位 UART	可变
1	0	方式 2	9 位 UART	fosc/64 或者 fosc/32
1	1	方式 3	9 位 UART	可变

方式 0 和方式 2 的波特率是固定的，而方式 1 和方式 3 的波特率是可变的，由 T1 的溢出率决定。

三、串行口工作方式

1. 串行工作方式 0

（1）数据输出（发送）。当数据写入 SBUF 后，数据从 RXD 端在移位脉冲（TXD）的控制下，逐位移入 74LS164，74LS164 能完成数据的串并转换。当 8 位数据全部移出后，TI 由硬件置位，发生中断请求。若 CPU 响应中断，则从 0023H 单元开始执行串行口中断服务程序，数据由 74LS164 并行输出。其接口逻辑如图 5-10 所示。

（2）数据输入（接收）。要实现接收数据，必须首先把 SCON 中的允许接收位 REN 设置为 1。当 REN 设置为 1 时，数据就在移位脉冲的控制下，从 RXD 端输入。当接收到 8 位数据时，置位接收中断标志位 RI，发生中断请求。其接口逻辑如图 5-11 所示。由逻辑图可知，通过外接 74LS165，串行口能够实现数据的并行输入。

2. 串行工作方式 1

方式 1 为 10 位为一帧的异步串行通信方式。其帧格式为 1 个起始位、8 个数据位和 1 个停止位，如图 5-12 所示。

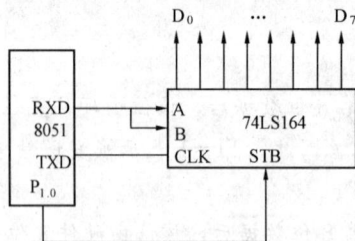

图 5-10   发送数据接口逻辑

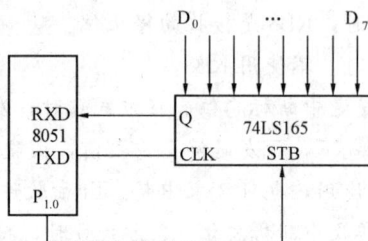

图 5-11   接收数据接口逻辑

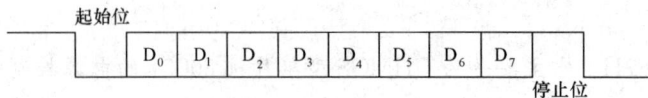

图 5-12   方式 1 的帧格式

（1）数据输出（发送）。数据写入 SBUF 后，开始发送，此时由硬件加入起始位和停止位，构成一帧数据，由 TXD 串行输出。输出一帧数据后，TXD 保持在高电平状态下，并将 TI 置位，通知 CPU 可以进行下一个字符的发送。

（2）数据输入（接收）。当 REN＝1 且接收到起始位后，在移位脉冲的控制下，把接收到的数据移入接收缓冲寄存器（SBUF）中，停止位到来后，把停止位送入 RB8 中，并置位 RI，通知 CPU 接收到一个字符。

（3）波特率的设定。工作在方式 1 时，其波特率是可变的，波特率的计算公式为

$$波特率 = \frac{2^{SMOD}}{32} \times (定时器 1 的溢出率)$$

其中，SMOD 为 PCON 寄存器最高位的值，其值为 1 或 0。

当定时器 1 作波特率发生器使用时，选用工作方式 2（即自动加载定时初值方式）。选择方式 2 可以避免通过程序反复装入定时初值所引起的定时误差，使波特率更加稳定。假定计数初值为 X，则计数溢出周期为

$$\frac{12}{fosc} \times (256 - X)$$

溢出率为溢出周期的倒数。则波特率的计算公式为

$$波特率 = \frac{2^{SMOD}}{32} \times \frac{fosc}{12 \times (256 - X)}$$

实际使用中，波特率是已知的。因此需要根据波特率的计算公式求定时初值 X。用户只需要把定时初值设置到定时器 1，就能得到所要求的波特率。

3. 串行工作方式 2

方式 2 为 11 位为一帧的异步串行通信方式。其帧格式为 1 个起始位、9 个数据位和 1 个停止位，如图 5-13 所示。

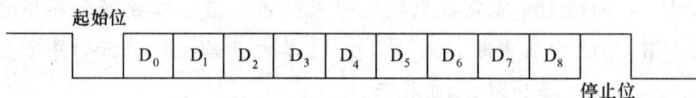

图 5-13   方式 2 的帧格式

在方式 2 下，字符还是 8 个数据位，只不过增加了一个第 9 个数据位（D8），而且其功能由用户确定，是一个可编程位。

在发送数据时，应先在 SCON 的 TB8 位中把第 9 个数据位的内容准备好。这可使用如下语句完成：

```
TB8＝1;          ; TB8 位置 "1"
TB8＝0;          ; TB8 位置 "0"
```

发送数据（D0～D7）由 MOV 指令向 SBUF 写入，而 D8 位的内容则由硬件电路从 TB 8 中直接送到发送移位器的第 9 位，并以此来启动串行发送。一个字符帧发送完毕后，将 TI 位置 "1"，其他过程与方式 1 相同。

方式 2 的接收过程也与方式 1 基本类似，所不同的只在第 9 数据位上，串行口把接收到的前 8 个数据位送入 SBUF，而把第 9 数据位送入 RB8。

方式 2 的波特率是固定的，而且有两种。一种是晶振频率的 1/32；另一种是晶振频率的 1/64。即 fosc/32 和 fosc/64。如用公式表示则为

$$波特率 = \frac{2^{\text{SMOD}}}{64} \times fosc$$

由上式可知，当 SMOD 为 0 时，波特率为 fosc/64；当 SMOD 为 1 时，波特率为 fosc/32。

4. 串行工作方式 3

方式 3 同方式 2 几乎完全一样，只不过方式 3 的波特率是可变的，由用户来确定。其波特率的确定同方式 1。

四、串行口常用波特率

在通信时常用的波特率如 5-7 所示。

表 5-7　　　　　　　　　　　　　　　串行口常用波特率

串行口工作方式	波特率	foce=6MHz			foce=12MHz			foce=11.0592MHz		
		SMOD	TMOD	TH1	SMOD	TMOD	TH1	SMOD	TMOD	TH1
方式0	1M				X	X	X			
方式2	375k				1	X	X			
	187.5k	1	X	X	0	X	X			
方式1 或 方式3	62.5k				1	20	FFH			
	19.2k							1	20	FDH
	9.6k							0	20	FDH
	4.8k				1	20	F3H	0	20	FAH
	2.4k	1	20	F3H	0	20	F3H	0	20	F4H
	1.2k	1	20	E6H	0	20	E6H	0	20	E8H
	600	1	20	CCH	0	20	CCH	0	20	D0H
	300	0	20	CCH	0	20	98H	0	20	A0H
	137.5	1	20	1DH	0	20	1DH	0	20	2EH
	110	0	20	72H	0	10	FEEBH	0	10	FEFFH

相关知识

相关知识 2　键　　盘

一、键盘接口

在单片机应用系统中，通常都要有人—机对话功能。它包括人对应用系统的状态干预、数据的输入以及应用系统向人报告运行状态与运行结果等。对于需要人工干预的单片机应用系统，键盘就成为人—机联系的必要手段，此时需配置适当的键盘输入设备。键盘电路的设计应使 CPU

不仅能识别是否有键按下，还要能识别是哪一个键按下，而且能把此键所代表的信息翻译成单片机所能接收的形式，例如 ASCⅡ 码或其他预先约定的编码。

单片机常用的键盘有全编码键盘和非编码键盘两种。全编码键盘能够由硬件逻辑自动提供与被按键对应的编码。此外，还具有去抖动和多键、窜键保护电路，这种键盘使用方便，但需要专门的硬件电路，价格较贵，一般的单片机应用系统较少采用。

非编码键盘分为独立式键盘和矩阵式键盘，硬件上此类键盘只简单地提供通、断两种状态，其他工作都靠软件来完成，由于其经济实用，目前在单片机应用系统中多采用这种办法。本节着重介绍非编码键盘接口。

二、键盘工作原理

在单片机应用系统中，除了复位键有专门的复位电路以及专一的复位功能外，其他的按键都是以开关状态来设置控制功能或输入数据。因此，这些按键只是简单的电平输入。键信息输入是与软件功能密切相关的过程。对某些应用系统，例如智能仪表，键输入程序是整个应用程序的重要组成部分。

1. 键输入原理

键盘中每个按键都是一个常开的开关电路，当所设置的功能键或数字键按下时，则处于闭合状态，对于一组键或一个键盘，需要通过接口电路与单片机相连，以便把键的开关状态通知单片机。单片机可以采用查询或中断方式了解有无键输入并检查是哪一个键被按下，并通过转移指令转入执行该键的功能程序，执行完又返回到原始状态。

2. 键输入接口与软件应解决的问题

键盘输入接口与软件应可靠而快速地实现键信息输入与执行键功能任务。为此，应解决下列问题。

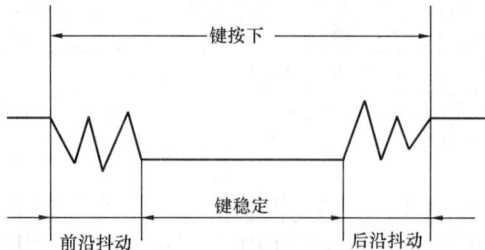

图 5-14　键闭合及断开时的电压波动

（1）键开关状态的可靠输入。目前，无论是按键或键盘大部分都是利用机械触点的合、断作用。机械触点在闭合及断开瞬间由于弹性作用的影响，在闭合及断开瞬间均有抖动过程，从而使电压信号也出现抖动，如图 5-14 所示。抖动时间长短与开关的机械特性有关，一般为 5～10ms。

按键的稳定闭合时间，由操作人员的按键动作所确定，一般为十分之几秒至几秒时间。为了保证 CPU 对键的一次闭合仅作一次键输入处理，必须去除抖动影响。通常去抖动影响的方法有硬、软件两种。在硬件上是采取在键输出端加 R-S 触发器或单稳态电路构成去抖动电路。在软件上采取的措施是，在检测到有键按下时，执行一个 10ms 左右的延时程序后，再确认该键电平是否仍保持闭合状态电子，若仍保持为闭合状态电平，则确认为该键处于闭合状态，否则认为是干扰信号，从而去除了抖动影响。为简化电路通常是采用软件方法。

（2）对按键进行编码以给定键值或直接给出键号。任何一组按键或键盘都要通过 I/O 口线查询按键的开关状态。根据不同的键盘结构，采用不同的编码方法。但无论有无编码，以及采用什么编码，最后都要转换成为值相对应的键值，以实现按键功能的处理。因此一个完善的键盘控制程序应能完成下述任务：

1）监测有无键按下。

2）有键按下后，在无硬件去抖动电路时，应用软件延时方法除去抖动影响。

3）有可靠的逻辑处理办法，只处理一个键，其间任何按下又松开的键不产生影响，不管一次按键持续有多长时间，仅执行一次按键功能程序。

　　4）输出确定的键号。

三、独立式按键

　　独立式按键是指直接用 I/O 口线构成的单个按键电路。每个独立式按键单独占有一根 I/O 口线，每根 I/O 口线的工作状态不会影响其他 I/O 口线的工作状态，这是一种最简单易懂的按键结构。

　　独立式按键电路结构如图 5-15 所示。

　　独立式按键电路配置灵活，硬件结构简单，但每个按键必须占用一根 I/O 口线，在按键数量较多时，I/O 口线浪费较大。故只在按键数量不多时采用这种按键电路。

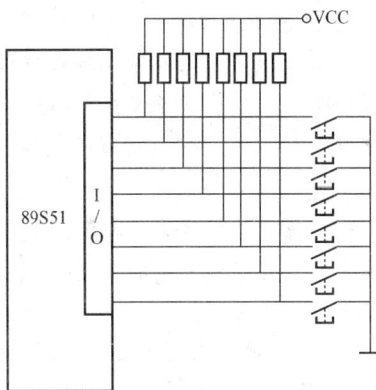

图 5-15　独立式按键电路

四、行列式键盘

　　独立式按键电路每一个按键开关占一根 I/O 口线，当按键数较多时，要占用较多的 I/O 口线。因此在按键数大于 8 时，通常多采用行列式（也称矩阵式）键盘电路。

　　1. 行列式键盘电路的结构及原理

　　如图 5-16 所示的电路图是用 89S51 单片机扩展 I/O 口组成的行列式键盘电路。图中行线 P20～P23，通过 4 个上拉电阻接＋VCC，处于输入状态，列线 P10～P17 为输出状态。按键设置在行、列线交点上，行、列线分别连接到按键开关的两端。图 5-16 中右上角为每个按键的连接图。当键盘上没有键闭合时，行、列线之间是断开的，所有行线 P20～P23 输入全部为高电平。当键盘上某个键被按下闭合时，则对应的行线和列线短路，行线输入即为列线输出。若此时初始化所有列线输出低电平，则通过读取行线输入值 P20～P23 的状态是否全为"1"判断有无键按下。

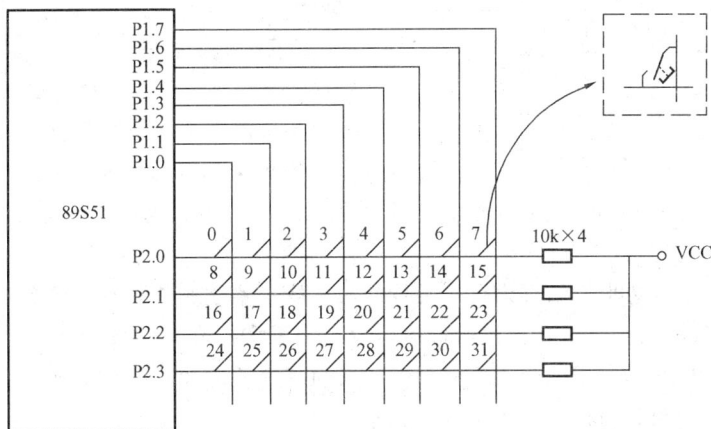

图 5-16　行列式键盘电路

　　但是键盘中究竟哪一个键被按下，并不能立刻判断出来，只能用列线逐列置低电平后，检查行输入状态的方法来确定。先令列线 P1.0 输出低电平"0"，P1.1～P1.7 全部输出高电平"1"，读行线 P20～P23 输入电平。如果读得某行线为"0"电平，则可确认对应于该行线与列线 P10 相交处的键被按下，否则 P10 列上无键按下。如果 P10 列线上无键按下，接着令 P1.1 输出低电平"0"，其余为高电平"1"，再读 P20～P23，判断其是否全为"1"。若是，表示被按键也不在此列，依次类推直至列线 P1.7。如果所有列线均判断完，仍未出现 P20～P23 读入值有"0"的情况，则表示此次并无键按下。这种逐列检查键盘状态的过程称作键盘进行扫描。

2. 键盘的工作方式

在单片机应用系统中，扫描键盘只是CPU的工作任务之一。在实际应用中要想做到既能响应键操作，又不过多地占用CPU的工作时间，就要根据应用系统中CPU的忙闲情况，选择适当的键盘工作方式。键盘的工作方式一般有循环扫描方式和中断扫描方式两种。下面分别加以介绍。

(1) 循环扫描方式。循环扫描方式是利用CPU在完成其他工作的空余，调用键盘扫描子程序要求。在执行键功能程序时，CPU不再响应键输入要求。键盘扫描程序一般应具备下述几个功能来响应键输入。

1) 判断键盘上有无键按下。其方法为P1口输出全扫描字"0"（即低电平）时，读P2口状态，若P20～P23全为1，则键盘无键按下，若不全为"1"则有键按下。

2) 去除键的抖动影响。其方法为在判断有键按下后，软件延时一段时间（一般为10ms左右）后，再判断键盘状态，如果仍为有键按下状态，则认为有一个确定的键被按下，否则以键抖动处理。

3) 扫描键盘，得到按下键的键号。根据图5-16的图为4×8的行列键盘，4行（0～3）8列（0～7），则键值为：行×列＋列。

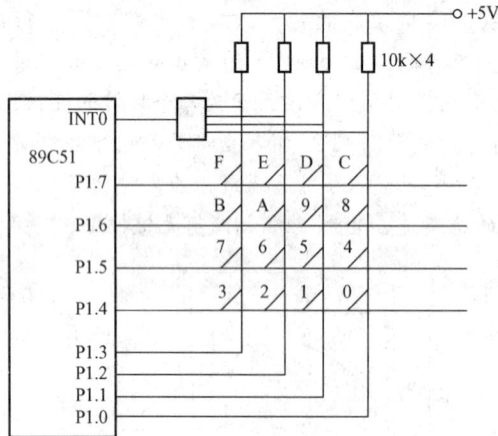

图5-17　中断工作方式键盘接口电路

(2) 中断工作方式。采用上述扫描键盘的工作方式，虽然也能响应键入的命令或数据，但是这种方式不管键盘上有无按键按下，CPU总要定时扫描键盘，而应用系统在工作时，并不经常需要键输入，因此CPU经常处于空扫描状态。为了提高CPU的工作效率，可采用中断扫描工作方式。即只有在键盘有键按下时，发中断请求，CPU响应中断请求后，转中断服务程序，进行键盘扫描，识别键码。中断扫描工作方式的一种简易键盘接口如图5-17所示。

该键盘直接由89S51的P1口的高、低字节构成4×4行列式键盘。键盘的列线与P1口的低4位相接，键盘的行线接到P1口的高4位。图中的四输入端与门就是为中断扫描方式而设计的，其输入端分别与各列线相连，输出端接单片机外部中断输入INT0。初始化时，使键盘行输出口全部置零。当有键按下时，INT0端为低电平，向CPU发出中断申请，若CPU开放外部中断，则响应中断请求，进入中断服务程序。在中断服务程序中执行前面讨论的扫描式键盘输入子程序。

巩固与提高

设计一个数字密码锁。

项目六 菜棚温度测量器的设计与仿真

一、项目设计目标

1. 预期目标

在 PROTUES 仿真软件下实现温度传感器 DS18b20 和字符液晶显示器 LCD1602 的应用及仿真。

2. 促成目标

(1) 通过在 PROTUES 软件环境下仿真温度测量,熟悉 DS18B20 和 LCD1602 的工作原理及其与单片机的接口方法。

(2) 熟悉 DS18B20 和 LCD1602 的 C 程序的设计方法。

(3) 熟悉 C 语言的指针的应用及 C 程序设计方法。

(4) 会设计温度测试报警器系统的完整的 C 程序的设计。

二、项目设计任务

(1) 能正确地设计 DS18B20 和 LCD1602 与单片机的接口电路。

(2) 能设计出实现温度测试报警器电路图及 C 程序。

(3) 能调试并运行程序。

(4) 会创建 HEX 文件。

(5) 能将 HEX 文件装入单片机,并进行仿真。

三、项目设计方案

1. 仿真电路设计方案

(1) 本项目使用了温度传感器 DS18B20 进行温度的测试,LCD1602 用于显示测试的温度,使用驱动/锁存器 74LS373 的输出端 Q0、Q1 驱动 LCD1602 的 RW、RS。

(2) P36 和 P37 接与门 75LS00,74LS00 接 LCD1602 的 E 端。

(3) DS18B20 的数据线接 P33。

(4) P10 接按钮,如图 6-1 所示。

2. 程序设计方案

(1) 具有温度测试功能。

(2) 具有显示温度功能。

(3) 当按钮没有按下去时,显示 "Button"。

(4) 当按钮按下后开始测试温度并转换。

(5) 当温度变化时显示器的显示值也变化。

四、项目实施过程

(1) 在 PROTUES 环境下打开光盘中的 "项目六" 文件夹中的 "P6.DSN" 文件,进入如图 6-1 所示的仿真界面。

(2) 单击界面左下方播放器的 "Play" 按钮:

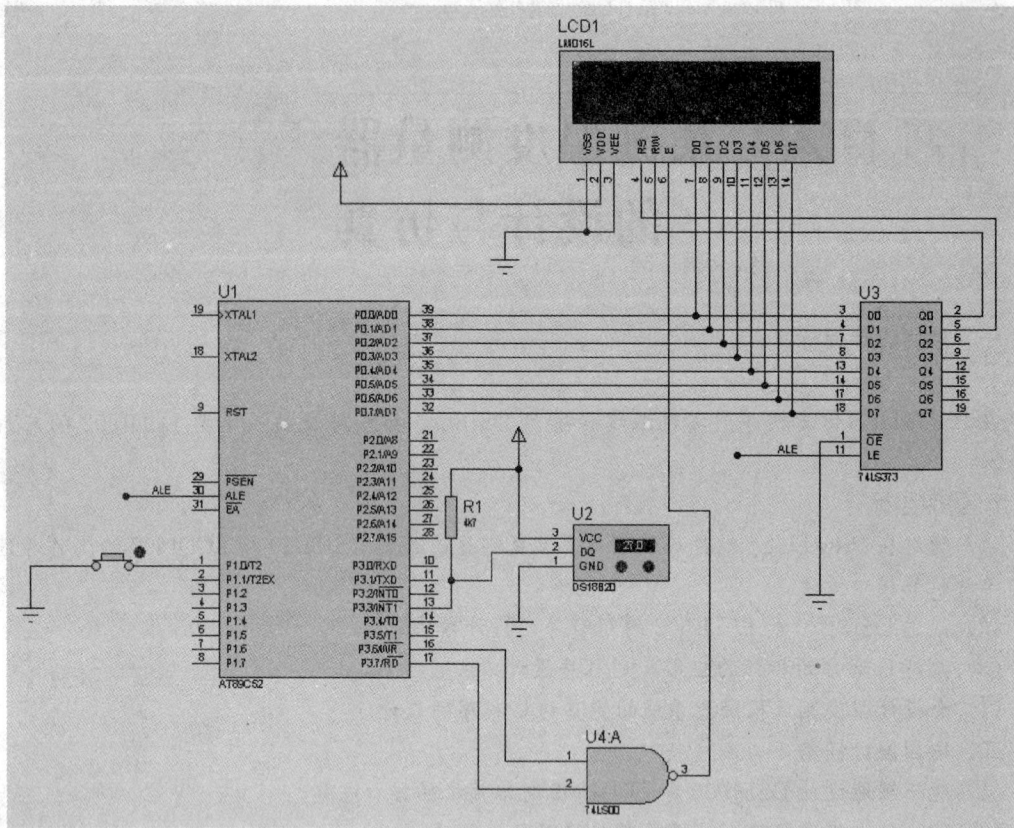

图 6-1　菜棚温度测量仿真电路图

1）观察显示器。

2）按下按钮再观察显示器。

3）按 DS18B20 的"＋"钮，观察显示器。

4）按 DS18B20 的"－"钮，观察显示器。

（3）记录整个操作过程。

（4）想一想如何才能实现这些功能呢？

下面我们就一步步实现吧。

任务 1　LCD1602 显示的设计与仿真

任务目标

（1）熟悉 LCD1602 的工作原理。

（2）熟悉 LCD 与单片机接口的方法及应用。

（3）熟悉 LCD1602 的 C 程序设计。

任务实施

1. 完成图 6-2 所示的 LCD 仿真图的设计及 C 程序的设计

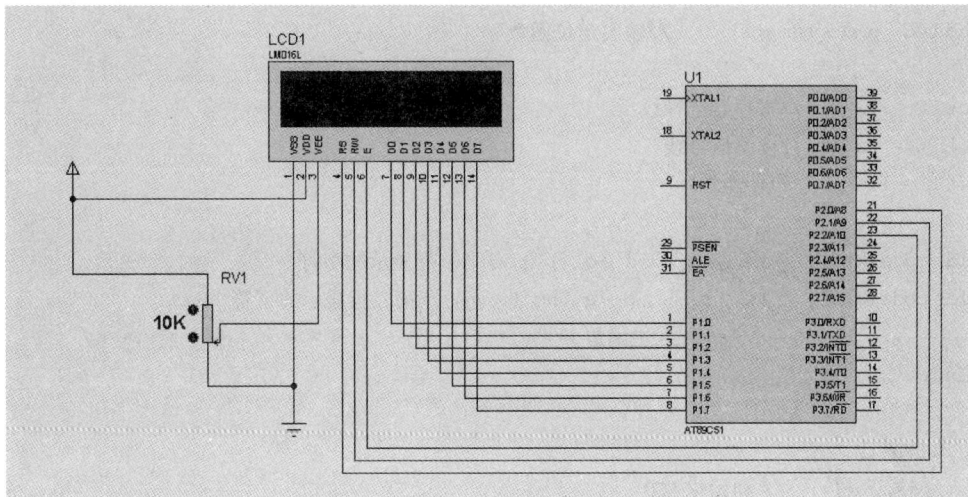

图 6-2　LCD1602 显示仿真电路图

（1）设计仿真电路图。保存文件名为"LCD 显示"的仿真电路图文件。

（2）程序设计分析。

1）1602C 的数据口接单片机的 P1 口，使能端 E 接 P3.5，液晶的 RS 端接 P3.7，读写端 RW 接 P3.6，这样使用下面的子程序就可以实现写入命令和数据。

  RS = 1; //置 1 为写入数据,置 0 为写入命令

  RW = 0; //置 0 为写命令/数据,即将命令或数据写入液晶的数据命令寄存器,置内读命令/数据

  E = 1;

  P1 = 1_data; //把数据赋给 P1 数据口

  E = 0;   //在使能端下降沿时将数据写入液晶的存储器

  delay(1); //写的过程要有数个延时

2）LCD 的初始值。

  0x38   // 双行显示 5×7 字符

  0x0c   //　开显示

  0x06   //　光标右移

  0x01   //清除 LCD 的显示内容

（3）实现。

a）在第一行显示"Hello!"，在第二行显示"Students"。

b）在第一行从左向右逐个字符显示"Welcome"，在第二行逐个显示"ShenZhen!"。

（4）实现 LCD 显示的程序。

程序 1：显示"Hello! Students"

```
#include <reg51.h>
#define uchar unsigned char
#define uint   unsigned int
#define BOOL bit
```

145

```
void delay(uint ms);    //延时函数说明
BOOL Lcd_bz();          //检测忙函数
void Lcd_WCmd(uchar cmd);   //写指令函数
void Lcd_Wdat(uchar dat);   //写数据函数
void Lcd_init();        //LCD 初始化函数
void Lcd_pos(uchar pos);    //输出定位函数

sbit RS = P2^0;   //寄存器选择线
sbit RW = P2^1;   //读写信号线
sbit E = P2^2;    //使能端

uchar code dis1[] = {'H','e','l','l','o','!'};//第一行显示的字符
uchar code dis2[] = {'S','t','u','d','e','n','t','s'};//第二行显示的字符
/* * * * * * * * * * * * * 主函数 * * * * * * * * * * * * * * * * * * * */
main()
{
    uchar i;
    Lcd_init();   // 初始化 LCD
    delay(10);
    Lcd_pos(0x01); // 设置显示位置为第一行的第 2 个字符
    for(i=0;i<6;i++)
    {                        // 显示字符 Hello!
        Lcd_Wdat(dis1[i]);
    }
    Lcd_pos(0x43);           // 设置显示位置为第二行第 4 个字符
    i = 0;
    while(i<8)
    {
        Lcd_Wdat(dis2[i]);   // 显示字符 Students
        i++;
    }
    while(1);
}
/* * * * * * * * * * * * *LCD 初始化函数 * * * * * * * * * * * * * * * * * */
void Lcd_init()
{
    Lcd_WCmd(0x38);   //写入命令"双行显示 5×7 字符"
    delay(1);
    Lcd_WCmd(0x0c);   //写入命令"开显示"
    delay(1);
    Lcd_WCmd(0x06);   //写入命令"光标右移"
    delay(1);
    Lcd_WCmd(0x01);   //清除 LCD 的显示内容
    delay(1);
```

146

```
}
/* * * * * * * * * * * * * * * *显示字符定位函数* * * * * * * * * * * * * * * */
void Lcd_pos(uchar pos)
{                              //设定显示位置
    Lcd_WCmd(pos | 0x80);
}
/* * * * * * * * * * * * * *测试忙函数* * * * * * * * * * * * * * * * * * * */
BOOL Lcd_bz()
{                              // 测试 LCD 忙碌状态
    BOOL result;
    RS = 0;
    RW = 1;   //读忙状态

    E = 1;
    _nop_();
    _nop_();
    result = (BOOL)(P1 & 0x80);   //求出 P17 位
    _nop_();
    _nop_();

    E = 0;
    return result;
}
/* * * * * * * * * * * * * * *写指令函数* * * * * * * * * * * * * * * * * * * * * */
void Lcd_WCmd(uchar cmd)
{                              // 写入指令数据到 LCD
    while(Lcd_bz());
    RS = 0;
    RW = 0;  //写指令
    P1 = cmd;
    E = 1;
    _nop_();
    _nop_();
    _nop_();
    _nop_();
    E = 0;
}
/* * * * * * * * * * * * * * *写数据函数* * * * * * * * * * * * * * * * * * * */
void Lcd_Wdat(uchar dat)
{                              //写入字符显示数据到 LCD
    while(Lcd_bz());
    RS = 1;
    RW = 0;     //写数据
    P1 = dat;
```

```
        E = 1;
        _ nop _ ();
        _ nop _ ();
        _ nop _ ();
        _ nop _ ();
        E = 0;
}
/* * * * * * * * * * * * * * * * 延时函数 * * * * * * * * * * * * * * * * * * * * * * */
void delay(uint ms)
{                                  // 延时子程序
    uchar k;
    while(ms - -)
    {
        for(k = 0; k< 250; k + +)
        {
            _ nop _ ();
            _ nop _ ();
            _ nop _ ();
            _ nop _ ();
        }
    }
}
```

程序2：第一行从左向右逐个字符显示"Welcome"，第二行逐个显示"ShenZhen!"

```
# include <reg51. h>
# include <intrins. h>
# define uchar unsigned char
# define uint   unsigned int
# define BOOL bit

void delay(uint ms);   //延时函数说明
BOOL Lcd _ bz();       //检测忙函数
void Lcd _ WCmd(uchar cmd);   //写指令函数
void Lcd _ Wdat(uchar dat);   //写数据函数
void Lcd _ init();     //初始函数
void Lcd _ pos(uchar pos);  //显示定位函数

sbit RS = P2^0;  //寄存器选择线
sbit RW = P2^1;  //读写信号线
sbit E = P2^2;    //使能端

uchar code dis1[] = {"Welcome" };//第一行显示的字符
uchar code dis2[] = {"ShenZhen!"};//第二行显示的字符
/* * * * * * * * * * * * 主函数 * * * * * * * * * * * * * * * * * * * * * * */
main()
```

```
{
    uchar i;
    Lcd_init();    // 初始化 LCD
    delay(10);
    Lcd_pos(4); // 设置显示位置为第一行的第 5 个字符位置
    i = 0;
    while(dis1[i]! = ´\0´)   //判断第一行字符是否显示完
    {
        Lcd_Wdat(dis1[i]);  // 显示字符 Welcome
        i + + ;
        delay(100);          //延时控制写入每个字符的时间
    }
    Lcd_pos(0x41);                // 设置显示位置为第二行第 2 个字符位置
    i = 0;
    while(dis2[i]! = ´\0´)
    {
        Lcd_Wdat(dis2[i]);  // 显示字符 ShenZhen!
        delay(200);
        i + + ;
    }
    while(1);                 //
}
/ * * * * * * * * * * * * * * * LCD初始化函数 * * * * * * * * * * * * * * * * * /
void Lcd_init()
{                  //LCD初始化设定
    Lcd_WCmd(0x38);
    delay(1);
    Lcd_WCmd(0x0c);
    delay(1);
    Lcd_WCmd(0x06);
    delay(1);
    Lcd_WCmd(0x01);
    delay(1);
}
/ * * * * * * * * * * * * * * * * * *定位函数 * * * * * * * * * * * * * * * * * * * * * /
void Lcd_pos(uchar pos)     //设定显示位置
{
    Lcd_WCmd(pos | 0x80);
}
/ * * * * * * * * * * * * * * * * * 测试忙函数 * * * * * * * * * * * * * * * * * * * * * * /
BOOL Lcd_bz()         //测试 LCD 忙碌状态
{
    BOOL result;
    RS = 0;
```

149

```
        RW = 1;   //读忙状态


        E = 1;
        _ nop _ ();
        _ nop _ ();
        result = (BOOL)(P1 & 0x80);
        _ nop _ ();
        _ nop _ ();


        E = 0;
        return result;
}
/ * * * * * * * * * * * * * * * *写指令函数* * * * * * * * * * * * * * * * * * * * * * * * * /
void Lcd _ WCmd(uchar cmd)
{                               // 写入指令数据到LCD
        while(Lcd _ bz());
        RS = 0;
        RW = 0;   //写指令
        P1 = cmd;
        E = 1;
        _ nop _ ();
        _ nop _ ();
        _ nop _ ();
        _ nop _ ();
        E = 0;
}
/ * * * * * * * * * * * * * * * *写数据函数* * * * * * * * * * * * * * * * * * * * * * * * * /
void Lcd _ Wdat(uchar dat)
{                               //写入字符显示数据到LCD
        while(Lcd _ bz());
        RS = 1;
        RW = 0;   //写数据
        P1 = dat;
        E = 1;
        _ nop _ ();
        _ nop _ ();
        _ nop _ ();
        _ nop _ ();
        E = 0;
}
/ * * * * * * * * * * * * * * * *延时函数* * * * * * * * * * * * * * * * * * * * * * * * * /
void delay(uint ms)
{                               // 延时子程序
        uchar k;
```

```
    while(ms - - )
    {
        for(k = 0; k< 250; k + +)
        {
            _ nop _ ();
            _ nop _ ();
            _ nop _ ();
            _ nop _ ();
        }
    }
}
```

（5）仿真操作。

1）装入 HEX 文件，单击界面左下方的"运行"按钮。

2）仔细观察电路图及运行结果。

2. 完成图 6-3 所示的 LCD 仿真图的设计及 C 程序的设计

（1）设计仿真电路图。

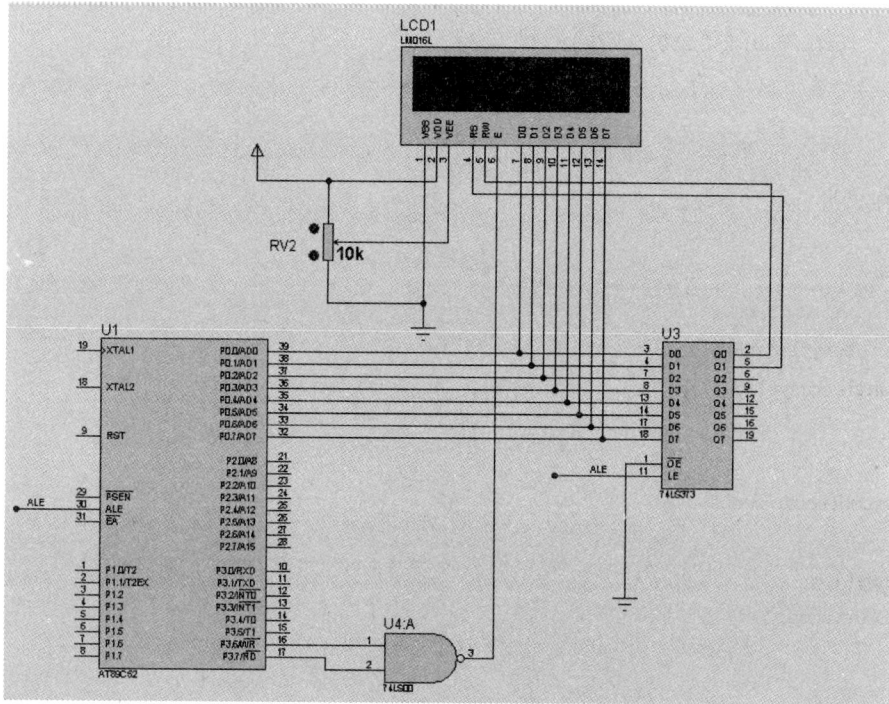

图 6-3　LCD 仿真电路图

（2）设计程序，实现显示"Welcome to""ShenZhen!"及"Attention Please ""A Good News！"

程序 1：

```
# include <reg51. h>
# include <absacc. h>
# define uchar unsigned char
# define uint   unsigned int
```

```c
#define REG0    XBYTE[0x0000]    //RS = 0,RW = 0,写指令
#define REG1    XBYTE[0x0001]    //RS = 0,RW = 1,读测状态
#define REG2    XBYTE[0x0002]    //RS = 1,RW = 0,写数据
#define REG3    XBYTE[0x0003]    //RS = 1,RW = 1,读数据

uchar word1[] = {"Welcome,"};
code uchar word2[] = {"ShenZhen!"};
code uchar word3[] = "Attention Please";
code uchar word4[] = "A Good News !";
uchar bdata busyflag;
sbit busyflag_7 = busyflag^7;      //忙标志位

void delay(uint x)
{                              // 延时子程序
    uchar k;
    while(x--)
    {
        for(k = 0; k< 250; k++);
    }
}

void busy()
{
    do
    {
        busyflag = REG1;
    }while(busyflag_7);
}

void wcomd(uchar wcon)
{
    busy();
    REG0 = wcon;
}

void wdata(uchar wdat)
{
    busy();
    REG2 = wdat;
}

void lcdint()
{
    wcomd(0x38);
```

```
        wcomd(0x01);
        wcomd(0x06);
        wcomd(0x0c);
}
void dat(uchar word[])
{
    uchar i;
    i = 0;
    while(word[i]! = ´\0´)
    {
        wdata(word[i]);
        i++;
        delay(100);
    }
}
void main()
{
        lcdint();//初始化液晶
        while(1)
        {
            wcomd(0x01); //清屏
            wcomd(0x04 | 0x80);
            dat(word1);
            wcomd(0x45 | 0x80);
            dat(word2);
            delay(500);
            wcomd(0x01);
            wcomd(0x80);
            dat(word3);
            wcomd(0x41 | 0x80);
            dat(word4);
            delay(500);
        }
}
```

程序 2：

```
#include <reg51.h>
#include <absacc.h>
#define uchar unsigned char
#define uint   unsigned int

uchar xdata * pWIns = 0x00;
uchar xdata * pbusy = 0x01;
uchar xdata * pWData = 0x02;
uchar xdata * pRData = 0x03;
```

```
code uchar word1[ ] = {"Welcome to"};
code uchar word2[ ] = {"ShenZhen!"};
code uchar word3[ ] = "Attention Please";
code uchar word4[ ] = "A Good News !";
uchar bdata busyflag;
sbit busyflag _ 7 = busyflag^7;

void delay(uint x)
{                               // 延时子程序
    uchar k;
    while(x - -)
    {
        for(k = 0; k< 250; k + +);
    }
}
void busy()                     //检查忙函数
{
    do
    {
        busyflag = * pbusy;
    }while(busyflag _ 7);
}

void wcomd(uchar wcon)
{
    busy();
    * pWIns = wcon;
}

void wdata(uchar wdat)
{
    busy();
    * pWData = wdat;
}

void lcdint()
{
    wcomd(0x38);
    wcomd(0x01);
    wcomd(0x06);
    wcomd(0x0c);
}
void dat(uchar * p)             //数据处理函数
{
```

```
    uchar i;
     i = 0;
  while( * p! = ´ \ 0´)
    {
        wdata( * p + + );
        i + +;
        delay(100);
    }
}


void main( )
{
        lcdint();//初始化液晶
        while(1)
        {   wcomd(0x01);
            wcomd(0x04 | 0x80);
            dat(word1);
            wcomd(0x44 | 0x80);
            dat(word2);
            delay(500);
            wcomd(0x01);
            wcomd(0x80);
            dat(word3);
            wcomd(0x41 | 0x80);
            dat(word4);
            delay(500);
        }
}
```
（3）仿真操作。

提高训练

设计一个程序实现显示多屏字符。

任务 2　温度测试的设计与仿真

任务目标

（1）理解 DS18B20 温度传感器的工作原理。

（2）掌握 DS18B20 的 A/D 数据转换的编程方法。

（3）熟悉 BCD 数据转换的 C 程序设计方法。

（4）能编制 DS18B20 转换的完整的 C 程序。

（5）能编制用 DS18B20 测试并用 LCD1602 显示的出来完整 C 程序。

任务实施

1. 设计图 6-1 所示的仿真电路图
2. 程序分析与设计
（1）DS18B20 温度测试的 C 程序程序。

```
/* * * * * * * * * * * * * * * * * * *延时函数* * * * * * * * * * * * * * * * * * * */
void delay(unsigned int i)
{
    while(i - -);
}


/* * * * * * * * * * * *DS18B20初始化函数* * * * * * * * * * * * * * * * */
void Init_DS18B20(void)
{
    unsigned char x = 0;
    DQ = 1;      //DQ复位
    delay(8);  //稍做延时
    DQ = 0;      //单片机将 DQ 拉低
    delay(80); //精确延时大于 480us
    DQ = 1;      //拉高总线
    delay(14);
    x = DQ;       //稍做延时后,如果 x = 0 则初始化成功,x = 1 则初始化失败
    delay(20);
}
/* * * * * * * * * * * * * * * * * *读一个字节* * * * * * * * * * * * * * * */
unsigned char ReadOneChar(void)
{
    unsigned char i = 0;
    unsigned char dat = 0;
    for (i = 8;i>0;i - -)
     {
      DQ = 0; // 给脉冲信号
      dat>> = 1;
      DQ = 1; // 给脉冲信号
      if(DQ)
      dat | = 0x80;
      delay(4);
     }
    return(dat);
}
/* * * * * * * * * * * * * * * *写一个字节* * * * * * * * * * * * * * * * * * * * * */
```

```
void WriteOneChar(unsigned char dat)
{
    unsigned char i = 0;
    for (i = 8;i>0;i--)    //for(i = 0;i<8;i++)
    {
        DQ = 0;
        DQ = dat&0x01;
        delay(5);
        DQ = 1;
        dat>>=1;
    }
    delay(4);
}
/* * * * * * * * * * * * * * * * * * *读取温度* * * * * * * * * * * * * * * */
void   ReadTemperature(void)
{
    Init_DS18B20();
    WriteOneChar(0xCC); // 跳过读序号列号的操作
    WriteOneChar(0x44); // 启动温度转换
    Init_DS18B20();
    WriteOneChar(0xCC); //跳过读序号列号的操作
    WriteOneChar(0xBE); //读取温度寄存器等(共可读9个寄存器),前两个就是温度
    readdata[0] = ReadOneChar();
    readdata[1] = ReadOneChar();

}
/* * * * * * * * * * * * * *温度转换* * * * * * * * * * * * * * * * * * * * * */
void Tempprocess()
{
    unsigned int t;
    float tt;
    unsigned char temp;
    if((readdata[1]&0x80)!= 0)
    {
        word1[3] = '-';
        t = readdata[1];
        t<<= 8;
        t = t | readdata[0];
        t = t-1;
        t = ~t;
        t>>= 4;
        word1[4] = t/100 + 48;
        word1[5] = ((t/10) % 10) + 48;
        word1[6] = t % 10 + 48;
```

```
        temp = readdata[0];
        temp = temp - 1;
        temp = ~temp;
        temp = temp&0x0f;
        tt = temp * 0.0625;
        word1[7] = ´.´;
        word1[8] = (unsigned char )(tt * 10);
        word1[9] = (unsigned char )(tt * 100 - word1[8] * 10);
        word1[10] = (unsigned char )(tt * 1000 - word1[8] * 100 - word1[9] * 10);
        word1[11] = (unsigned char )(tt * 10000 - word1[8] * 1000 - word1[9] * 100 - word1[10] *
10);
        word1[8] + = 48;
        word1[9] + = 48;
        word1[10] + = 48;
        word1[11] + = 48;
        word1[12] = ´C´;

    }
    else
    {
        word1[3] = ´ + ´;
        t = readdata[1];
        t<< = 8;
        t = t | readdata[0];
        t>> = 4;
        word1[4] = t/100 + 48;
        word1[5] = ((t/10) % 10) + 48;
        word1[6] = t % 10 + 48;
        temp = readdata[0];
        temp = temp&0x0f;
        tt = temp * 0.0625;
        word1[7] = ´.´;
        word1[8] = (unsigned char )(tt * 10);
        word1[9] = (unsigned char )(tt * 100 - word1[8] * 10);
        word1[10] = (unsigned char )(tt * 1000 - word1[8] * 100 - word1[9] * 10);
        word1[11] = (unsigned char )(tt * 10000 - word1[8] * 1000 - word1[9] * 100 - word1[10] * 10);
        word1[8] + = 48;
        word1[9] + = 48;
        word1[10] + = 48;
        word1[11] + = 48;
        word1[12] = 0xdf;
        word1[13] = ´C´;
    }
}
```

（2）LCD 显示温度程序。

```
/ * * * * * * * * * * * * * LCD1602 忙检查 * * * * * * * * * * * * * * * * * * * * /
void busy()
{
    do
    {
        busyflag = REG1;
    }while(busyflag _ 7);
}
/ * * * * * * * * * * * 写命令 * * * * * * * * * * * * * * * * * * * * * * /
void wrc(unsigned char wcon)
{
    busy();
    REG0 = wcon;
}
/ * * * * * * * * * * * * * * * 写数据 * * * * * * * * * * * * * * * * * * * * * /
void wrd(unsigned char wdat)
{
    busy();
    REG2 = wdat;
}
/ * * * * * * * * * * * * * * * * 读数据 * * * * * * * * * * * * * * * * * * * /
void rdd()
{
    busy();
    dat = REG3;
}
/ * * * * * * * * * * * * * * * * LCD1602 初始化 * * * * * * * * * * * * * * * * * * * * * /
void lcdint()
{
    wrc(0x38);
    wrc(0x01);
    wrc(0x06);
    wrc(0x0c);
}
/ * * * * * * * * * * * * * 显示数据 * * * * * * * * * * * * * * * * * * * * * * * * * * * * /
void wrn(unsigned char word[])
{
    unsigned char i;
    for(i = 0;i<16;i + +)
    {
        wrd(word[i]);
    }
}
```

3. 菜棚温度测试的完整程序

```c
#include <reg51.h>
#include <absacc.h>
#define REG0    XBYTE[0x0000]
#define REG1    XBYTE[0x0001]
#define REG2    XBYTE[0x0002]
#define REG3    XBYTE[0x0003]
unsigned char readdata[2];
sbit DQ = P3^3;
unsigned char bdata busyflag;
unsigned char dat,datn,count;

unsigned char word1[16] = {" T = "};
code unsigned char word2[] = {"Temperature is:"};
code unsigned char word3[] = {"  Push  Button  "};
code unsigned char word4[] = {"Test Temperature "};

sbit busyflag_7 = busy flag^7;
sbit p10 = P1^0;
sbit p11 = P1^1;
sbit p12 = P1^2;
/* * * * * * * * * * * * * * * * * * *延时函数* * * * * * * * * * * * * * * * */
void delay(unsigned int i)
{
    while(i - -);
}
/* * * * * * * * * * * * * *初始化函数* * * * * * * * * * * * * * * * * * * * */
void Init_DS18B20(void)
{
    unsigned char x = 0;
    DQ = 1;      //DQ复位
    delay(8);  //稍做延时
    DQ = 0;      //单片机将DQ拉低
    delay(80); //精确延时 大于 480μs
    DQ = 1;      //拉高总线
    delay(14);
    x = DQ;         //稍做延时后 如果 x = 0 则初始化成功, x = 1 则初始化失败
    delay(20);
}
/* * * * * * * * * * * * * *读一个字节* * * * * * * * * * * * * * * * * * * * */
unsigned char ReadOneChar(void)
{
    unsigned char i = 0;
    unsigned char dat = 0;
```

```
    for (i=8;i>0;i--)
     {
       DQ = 0; // 给脉冲信号
       dat>>= 1;
       DQ = 1; // 给脉冲信号
       if(DQ)
        dat | = 0x80;
       delay(4);
     }
      return(dat);
}
/* * * * * * * * * * * * * * * 写一个字节 * * * * * * * * * * * * * * */
void WriteOneChar(unsigned char dat)
{
     unsigned char i = 0;
     for (i = 8; i>0; i--)
     {
       DQ = 0;
       DQ = dat&0x01;
       delay(5);
       DQ = 1;
       dat>>= 1;
     }
     delay(4);
}
/* * * * * * * * * * * * * * 读取温度 * * * * * * * * * * * * * * * * * * */
void   ReadTemperature(void)
{
    Init _ DS18B20();
    WriteOneChar(0xCC); // 跳过读序号列号的操作
    WriteOneChar(0x44); // 启动温度转换
    Init _ DS18B20();
    WriteOneChar(0xCC); //跳过读序号列号的操作
    WriteOneChar(0xBE); //读取温度寄存器等(共可读 9 个寄存器),前两个就是温度
    readdata[0] = ReadOneChar();
    readdata[1] = ReadOneChar();

}
/* * * * * * * * * * * * * * * * 温度转换 * * * * * * * * * * * * * * * * * * * */
void Tempprocess()
{
    unsigned int t;
    float tt;
    unsigned char temp;
```

```
        if((readdata[1]&0x80)! = 0)
        {
            word1[3] = ´ - ´;
            t = readdata[1];
            t<< = 8;
            t = t | readdata[0];
            t = t - 1;
            t = ~t;
            t>> = 4;
            word1[4] = t/100 + 48;          //将 ASCII 码转换为 BCD 数据
            word1[5] = ((t/10) % 10) + 48;
            word1[6] = t % 10 + 48;
            temp = readdata[0];
            temp = temp - 1;
            temp = ~temp;
            temp = temp&0x0f;
            tt = temp * 0. 0625;
            word1[7] = ´.´;
            word1[8] = (unsigned char )(tt * 10);
            word1[9] = (unsigned char )(tt * 100 - word1[8] * 10);
    word1[10] = (unsigned char )(tt * 1000 - word1[8] * 100 - word1[9] * 10);
word1[11] = (unsignedchar )(tt * 10000 - word1[8] * 1000 - word1[9] * 100 - word1[10] * 10);
            word1[8] + = 48;
            word1[9] + = 48;
            word1[10] + = 48;
            word1[11] + = 48;
            word1[12] = ´C´;
        }
        else
        {
            word1[3] = ´ + ´;
            t = readdata[1];
            t<< = 8;
            t = t | readdata[0];
            t>> = 4;
            word1[4] = t/100 + 48;
            word1[5] = ((t/10) % 10) ⅼ 48;
            word1[6] = t % 10 + 48;
            temp = readdata[0];
            temp = temp&0x0f;
            tt = temp * 0. 0625;
            word1[7] = ´.´;
            word1[8] = (unsigned char )(tt * 10);
            word1[9] = (unsigned char )(tt * 100 - word1[8] * 10);
```

```
            word1[10] = (unsigned char )(tt * 1000 - word1[8] * 100 - word1[9] * 10);
            word1[11] = (unsigned char )(LL * 10000  word1[8] x 1000 - word1[9] * 100 - word1[10] *
                    10);
            word1[8] + = 48;
            word1[9] + = 48;
            word1[10] + = 48;
            word1[11] + = 48;
            word1[12] = 0xdf;
            word1[13] = ´C´;
        }
}
/* * * * * * * * * * * * * * * *检测 LCD 忙 * * * * * * * * * * * * * * */
void busy( )
{
    do
    {
        busyflag = REG1;
    }while(busyflag _ 7);
}
/* * * * * * * * * * * * * *写指令 * * * * * * * * * * * * * * * * * * * * * * * * * */
void wrc(unsigned char wcon)
{
    busy( );
    REG0 = wcon;
}
  /* * * * * * * * * * * * * * * *写数据 * * * * * * * * * * * * * * * * * * * * * */
void wrd(unsigned char wdat)
{
    busy( );
    REG2 = wdat;
}


/* * * * * * * *LCD 初始化 * * * * * * * * * * * * * * * * * * * * * * * */
void lcdint( )
{
    wrc(0x38);
    wrc(0x01);
    wrc(0x06);
    wrc(0x0c);
}
/* * * * * * * * * * *数据处理 * * * * * * * * * * * * * * * * * * * * * */
void wrn(unsigned char word[ ])
{
    unsigned char i;
```

```
        for(i = 0;i<16;i + + )
        {
            wrd(word[ i]);
        }
}
/ * * * * * * * * * * * * * * * * 主函数 * * * * * * * * * * * * * * * * /
void main()
{
        lcdint();//初始化液晶
        wrc(0x80);
        wrc(0xc0);
        while(1)
        {
            if(p10 = = 0)
            {   ReadTemperature();
                Tempprocess();
                wrc(0x80);
                wrn(word2);
                wrc(0xc0);
                wrn(word1);
            }
            else
            {
                wrc(0x80);
                wrn(word3);
                wrc(0xc0);
                wrn(word4);
            }

        }
}
```

4. 仿真操作

（1）生成"HEX 文件"装入图 6-1 的 CPU 中，单击界面左下方的"运行"按钮。

（2）按按钮键，并对 DS18B20 操作，观察电路图中数码管上所显示数据的变化。

提高训练

如何设置温度的初值？

相关知识1　字　符　数　组

字符数组的定义和初始化

1. 字符数组的定义

字符数组定义的形式与前面介绍的数值数组相同。

例如：

    char ch[5];

定义了字符数组 ch，有 5 个元素 。由于字符型和整型通用，也可以定义为 int ch [5] 但这时每个数组元素占 2 个字节的内存单元，如图 6-4 所示。

字符数组也可以是二维或多维数组。

例如：

    char c[5][10];

2. 字符数组的初始化

给字符数组中各元素赋初值与给数值数组元素赋初值一样允许在定义时赋值。

例如：

char ch[5] = { 'C', 'h', 'i', 'n', 'a'}

赋值后 C 数组各元素的值为：

ch[0] = 'C',ch[1] = 'h',ch[2] = 'i',ch[3] = 'n',ch[4] = 'a'.

这种逐个字符赋给数组中各元素的方法是最易理解的一种方法。

说明：

(1) 如果为字符数组各元素所提供的字符个数少于数组中的元素个数，则将这些字符依次地赋给数组中前面的各元素，其余的元素的值为空字符即：'\0'。

例如：

char c[9] = { 'C', ' ', 'p', 'r', 'o', 'g', 'r', 'a', 'm'};

赋值后 C 数组各元素的值如图 6-5 所示。

ch[0]	ch[1]	ch[2]	ch[3]	ch[4]
C	h	i	n	a

图 6-4　数组元素值

c[0]	c[1]	c[2]	c[3]	c[4]	c[5]	c[6]	c[7]	c[8]	c[9]
C	⊔	p	r	o	g	r	a	m	\0

图 6-5　字符数组元素值

(2) 如果为字符数组各元素所提供的字符个数多于数组中的元素个数，则按语法错误处理。

(3) 如果为字符数组各元素所提供的字符个数与数组中的元素个数相等时也可以省去长度说明，系统会自动根据初值个数确定数组长度。

例如：

    char c[] = {'c', ' ', 'p', 'r', 'o', 'g', 'r', 'a', 'm'};

这时 C 数组的长度自动定为 9。

(4) 以上对一维字符数组的初始化所述对二维字符数组进行初始化同样适用。

例如：

 char a[2][3] = {{ 'a', 'b', 'c'},{'d', 'e', 'f'}}

赋值后数组 a 的各元素的值为：

a[0][0] = 'a';a[0][1] = 'b';a[0][2] = 'c'

a[1][0] = 'd';a[1][1] = 'e';a[1][2] = 'f'

又如：

char a[2][3] = {{ 'a', 'b' },{'d' }}

赋值后数组 a 的各元素的值为：

a[0][0] = 'a';a[0][1] = 'b';a[0][2] = '\0'

a[1][0] = ´d´;a[1][1] = ´\0´;a[1][2] = ´\0´

3. 字符数组的引用

【例6-1】

```
#include<stdio.h>
main()
{
  int i,j;
  char a[][5]={{´B´,´A´,´S´,´I´,´C´,},{´d´,´B´,´A´,´S´,´E´}};
  for(i=0;i<2;i++)
    {
      for(j=0;j<5;j++)
          printf("%c",a[i][j]);
      printf("\n");
    }}
```

本例的二维字符数组由于在初始化时全部元素都赋以初值，因此一维下标的长度可以不加以说明。

4. 字符串及字符串结束标志

在C语言中没有专门的字符串变量，通常用一个字符数组来存放一个字符串的字符，也就是说，将字符串作为字符数组来处理。即C语言允许用字符串的方式对数组作初始化赋值。

例如：

　　char c[]={´c´,´ ´,´p´,´r´,´o´,´g´,´r´,´a´,´m´};

可写为：

　　　　char c[] = {"C program"};

或去掉 {} 写为：

　　　　char c[] = "C program";

说明：

c[0]	c[1]	c[2]	c[3]	c[4]	c[5]	c[6]	c[7]	c[8]	c[9]
C		p	r	o	g	r	a	m	\0

图6-6　字符数组存放空间

（1）用字符串方式赋值比用字符逐个赋值要多占一个字节，用于存放字符串结束标志'\0'。上面的数组 c 在内存中的实际存放情况如图6-6所示。

（2）'\0'表示 ASCII 码为"0"的字符，是一个"空操作符"，它作为字符串的结束标志，既不会产生附加操作，也不会增加有效字符。

（3）字符串总是以'\0'作为串的结束符。因此当把一个字符串存入一个数组时，也把结束符'\0'存入数组，并以此作为判断该字符串是否结束的标志。

（4）'\0'是由C编译系统自动加上的。由于采用了'\0'标志，所以在用字符串赋初值时一般无须指定数组的长度，而由系统自行处理。

（5）以下几种初始化是等价的：

　　char c[]={´c´,´ ´,´p´,´r´,´o´,´g´,´r´,´a´,´m´,´\0´};

　　char c[]={"C program"};　　　　char c[] = "C program";

而与 char c[]={´c´,´ ´,´p´,´r´,´o´,´g´,´r´,´a´,´m´};不等价。前面三种字符数组的长度是10，而后面的是9。

（6）上面四种初始化都是合法的，字符串的实际长度是 9 而不是 10。

相关知识 2 指   针

一、地址与指针

1. 指针的概念及指针变量的定义

（1）指针及指针变量的概念。指针就是地址。指向变量的指针就是变量的地址。指针变量是用来存放变量的地址的，即指针变量的值是变量的地址。

我们学过的基本数据类型，例如 int，float，char，double 等都有相应的指针类型，可以建立它们相应的数据类型的指针来处理这些数据。

要记住的是，指针变量和其他普通变量一样，具有值并且是有一定存储空间的，只不过它里面存放的是变量的地址，如图 6-7（a）所示。

例如：指针变量 pointer 的值为 2000，如果指针 pointer 指向的是变量 a，即 a 的地址是 2000，如果 2000 中的值是 45，则变量 a 的值就是 45。如图 6-8 所示。

图 6-7 指针变量和变量

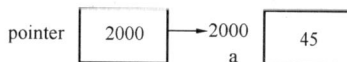

图 6-8 指针变量和变量地址

（2）指针变量的定义。

一般形式：数据类型 * 指针变量名字；

在指针定义中，一个 * 只能表示一个指针。

定义一个指向整型的指针

int * intPtr；

const int * cintPtr；   /*常量也是有地址的，当然也有指向常量的指针 */

在这里，* 表示指针；int 表示指针的类型是整型；intPtr 和 cintPtr 是指针变量的名字。

又例如，定义一个指向浮点型数的指针：

float * floatPtr；

const float * cfloatPtr；   /* 指向浮点型常量的指针 */

如图 6-9 所示。

float 表示该指针的类型是浮点型，floatPtr 和 cfloatPtr 是指针变量的名字。

例如：

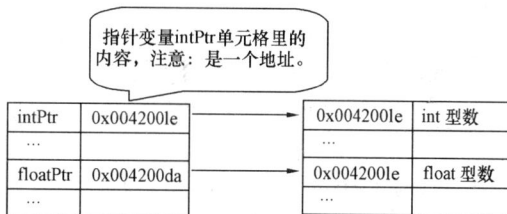

图 6-9 指针变量定义

int * intPtr1，intPtr2；

表示定义一个整型指针变量 intPtr1 和一个 intPtr2 的整型变量。若要定义两个指针变量，必须：int * intPtr1，* intPtr2；

2. 指针变量的初始化

我们先来了解关于指针常用的两种运算符：&（地址）运算符和 *（指针）运算符。

& 操作符可以获得变量的地址，而指针变量正是用于存放地址的。

例如：

```
int * intPtr;        /*定义一个整型指针变量 intPtr*/
int intSum = 0;      /*定义一个整型变量 intSum*/
intPtr = &intSum;    /*将存放整型变量 intSum 的地址赋给指针变量 intPtr*/
```

如图 6-10 所示。

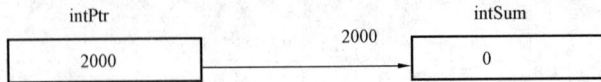

图 6-10 *和 & 运算符

可以表示为：intPtr＝2000；⟺ intPtr＝&intSum；（等价）

intSum＝0；⟺ * intPtr＝0；（等价）

从上可见：*（指针）操作符可以获得该指针指向的变量的内容。

例如：

```
int * intPtr;              /*  定义一个整型指针变量 intPtr*/
int intSum = 0;            /*  定义一个整型变量 intSum*/
intPtr = &intSum;
printf("%d", * intPtr);    /*  * intPtr 的值即为指针 intPtr 所指向的变量 intSum 的内容*/
```

需要注意的是，给指针赋值，除了要是一个地址外，而且应该是一个与该指针类型相符的变量或常量的地址。

例如：

```
int * intPtr;          /*整型指针变量*/
float floatSum;        /*浮点型变量*/
intPtr = &floatSum;    /*错误,浮点型变量的地址不能赋给整型指针变量*/
```

【例 6-2】 阅读程序，给出程序的运行结果，并指出哪个是变量及其值，哪个是指针变量及其值，哪个是指针变量的地址及其值。

```
#include "stdio.h"
void main()
{    int a;
     int * p_a = &a;
     a = 10;
     printf("a = %d\n",a);
     printf(" * p_a = %d\n", * p_a);
     printf("&a = %x\n",&a);
     printf("p_a = %x\n",p_a);
     printf("&p_a = %x\n",&p_a);
}
```

运行结果为：

a = 10

* p_a = 10

&a = 12ff7c

p_a = 12ff7c

&p_a = 12ff78

从本程序运行结果可知：

a 是变量其值是 10；

p＿a 是指针变量,它的内容是地址量即值是 12ff7c;

&a 是变量 a 的地址其值是 12ff7c;

&p＿a 是指针变量的地址其值是 12ff78.

如图 6-11 所示。

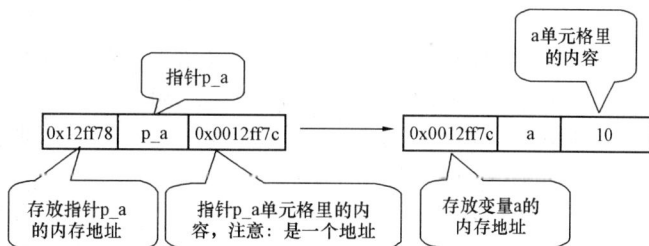

图 6-11 变量、变量地址指针和指针地址

二、指针的引用

指针的直接引用方法与其他普通变量相似,这里我们着重讨论一下指针的间接引用。

请看下面的程序:

```
        void main()
{

        int ＊ intPtr;
    int intSum = 0;
    intPtr = &intSum;
    printf("＊intPtr = ％d＼n", ＊intPtr);
}
```

运行结果为:

＊intPtr = 0

该运行结果就是指针 intPtr 所指向的变量 intSum 中的内容。

非指针变量是不能使用 ＊ 作间接引用操作符,因为 ＊ 只能作用于地址。

例如:

printf("intSum = ％d", ＊intSum);/＊错误,非指针变量不能用间接操作符＊/

有了间接引用操作符,就可以通过指针改变它所指向的变量的值了。

例如:上例中,我们通过 intPtr 改变 intSum 的原始值:

＊intPtr = 60;

printf("intSum = ％d＼n",intSum);

运行结果为:

intSum = 60

由输出结果可见,改变 ＊intPtr 就是改变 intSum。

三、指针与数组

指向一维数组的指针。数组名可以用来初始化指针,实际上数组名就是数组第一个元素的地址,意即,对于数组 a,我们有: a 等于 &a [0],另外,若有:

int a[100];

int ＊ intPtr = a;

则对于数组 a 的第 i 个元素,我们有:

a[i] 等价于 ＊(a + i) 等价于 intPtr[i] 等价于 ＊(intPtr + i)

对应的,对于数组 a 第 i 个元素的地址:

&a[i] 等价于 (a + i) 等价于 &intPtr[i] 等价于 (intPtr + i)

有了这样的认识,我们来看下面的程序:

【例 6-3】 用不同的方法求出数组里各元素之和。

＃include＜stdio.h＞

```c
void main()
{       int sum[5];                    /*定义含有5个元素的数组,用来存放5种方法的结果*/
        int iArray[] = {1,4,7,2,5,8,3,6,9,10};
        int * intPtr;
        int size,n;
        size = sizeof(iArray)/sizeof( * iArray); /*求出数组元素的个数*/
          for(n = 0;n<5;n + + )       /*初始化数组 sum*/
        {
              sum[n] = 0;
         }
          for(n = 0;n<size;n + + )      /*方法1,用数组名与下标表示元素*/
        {
              sum[0] + = iArray[n];
        }
        intPtr = iArray;    /*给指针赋值,让其指向数组 iArray 首地址*/
for(n = 0;n<size;n + + )   /*方法2,间接引用指针表示元素,指针在移动*/
{
              sum[1] + = * intPtr + + ;          /*intPtr + +与取先指针 intPtr 的值,再下移指针相当*/
}
intPtr = iArray;   /*重新将指针指向数组 iArray 首地址*/
for(n = 0;n<size;n + + )    /*方法3,间接引用指针表示元素,指针并没有移动*/

{
sum[2] + = * (intPtr + n);
}
for(n = 0;n<size;n + + ) /*方法4,用指针名与下标表示元素,指针并没有移动*/
{
        sum[3] + = intPtr[n];
}
for(n = 0;n<size;n + + )   /*方法5,用数组名加上相对位移表示元素地址*/
{
        sum[4] + = * (iArray + n);
}
for(n = 0;n<5;n + + )
{
        printf("sum[ % d] = % d \ n",n,sum[n]);
}
}
```

运行结果:

sum[0] = 55

sum[1] = 55

sum[2] = 55

sum[3] = 55

sum[4] = 55

认真阅读上面的程序，并仔细体会，几种方法中分别是如何利用指针来表示数组元素的，特别注意体会程序中的注释语句。

另外，数组名是指针常量，不同于指针变量，是不能给数组名赋值的。

四、指针与函数

1. 指向函数的指针的定义与作用

所谓函数的指针，是指指向函数入口地址的指针。这样当需要调用函数时，我们可以通过定义一个函数的指针实现对函数的调用，特别是在需要大量调用子函数时，通过函数的指针更是可以起到事半功倍的效果。

指向函数的指针变量定义形式为：

类型 （＊指针变量名)( );

为了更好地说明问题，请看下面的程序：

【例 6-4】 求两个整数 m 和 n 中的较小者。

```
#include<stdio.h>
int small(int m, int n);    /* 声明比较函数 */
void main()
{
     int x, y, z;
     int (*p)();    /* 定义一个指向返回类型为整型的函数的指针 */
     p = small;     /* 给函数指针赋值,注意,只需用函数名即可 */
     printf("Please input your number a,b:");
     scanf("%d,%d",&x,&y);
     z = (*p)(x,y);     /* 利用函数指针调用函数 */
     printf("a = %d,b = %d\nThe smaller of a,b is :%d\n",x,y,z);
}
int small(int m, int n)
{
     int t;
     if (m>n) t = n;
     else t = m;
     return(t);
}
```

运行结果为：

Please input your number a,b:45,78

a = 45,b = 78

The smaller of a,b is :45

请结合本程序的运行结果，体会函数指针的调用方式。

2. 指向函数的指针变量作为函数的参数

所谓指向函数的指针变量作为函数的参数意即是说，被调用的函数的参数是指针，而这个指针是指向另外某个函数的。

阅读下面程序，判断程序的输出结果。

```
#include<stdio.h>
int small(int m, int n)        /* 定义函数 small */
```

171

```
{
        int t;
        if (m>n) t = n;
        else t = m;
        return(t);
}
void    fuc(int   (*ptr1)())   /*定义一指向函数的指针作参数的函数*/
{
        int a;
        a = (*ptr1)(45,78);      /*调用指针指向的函数*/
        printf("this is fun!a = %d\n",a);
}
void main()
{
        fuc(small);    /*调用 fuc 函数,用函数名 small 作实参*/
        printf("this is main !\n");
}
```

运行结果:

this is fun!a = 45

this is main !

五、指针数组

一个数组若每个元素都是一个指针,则这个数组就是指针数组。与前面的数组指针不同,前面数组指针只有一个指针,而指针数组是多个指针。

在本节中,我们主要以字符指针数组为例进行讲解,其他情况类推即可。

阅读程序,给出程序的输出结果。

```
#include<stdio.h>
#include"String.h"
void main()
{
int i;
char * cString[] = {"C","C++","VC++"}; /*  定义一个指针数组,其中含有 3 个指针元素*/
for(i = 0;i<sizeof(cString)/sizeof(*cString);i++)
{
printf("%s\n",cString[i]);
}
}
```

/* sizeof(cString)/sizeof(*cString)为求指针个数方法,sizeof(cString)为所有元素(指针)所占字节数,sizeof(*cString)为一个指针的所占字节数*/

运行结果:

C

C++

VC++

六、指向指针的指针

指向指针的指针即二级指针。

例如：

> char ＊ cString[ ] = {"C","C＋＋","VC＋＋"};
>
> char ＊ ＊ccString;
>
> ccString = cString;　　 / ＊ccString 里存放的是另外一指针的地址 ＊/

故上面的程序我们改写为：

> ＃include＜stdio. h＞
>
> ＃include"String. h"
>
> void main( )

{

```
    int i;
    char ＊ cString[ ] = {"C","C＋＋","VC"};
    char ＊ ＊ccString;
    ccString = cString;/＊这里只需要把指针数组名赋值给二级指针＊/
    for(i = 0;i＜sizeof(cString)/sizeof(char ＊);i＋＋)
    {
      printf("％s\n",＊(ccString + i)); / ＊　ccString + i 为每个字符串的首地址 ＊/
    }
```

}

相关知识

相关知识 3　LCM1602 的原理及应用

LCM1602 液晶点阵字符显示器的应用

液晶显示模块可以分为字段，字符点阵，图形点阵 3 种。一般只有后者可以显示汉字和图形。LCM1602 液晶点阵字符显示器用 5×7 点阵图形来显示西文字符，5×7 点阵是指每个西文字符发光点占据 5×7 点，加上相邻两个字符及两行之间的空格，每个西欧国家文字符的点阵图形实际占用 8×8 位，即 8Byte。它可以显示 2 行、每行显示 16 个西文字符（ASCII 字符），并且可以自定义图形，只需要写入相对应字符的 ASCII 码就可以显示，使用上相对数码管来说能显示更丰富的信息。广泛应用于智能仪表、通信、办公自动化设备中，其字符发生器 ROM 中自带数字和英文字母及一些特殊符号的字符库，没有汉字。下面我们就看一看 LCM1602 的功能吧。

1. LCM1602 液晶点阵字符显示器的引脚及其功能

1602 各引脚及功能，如图 6-12 所示。

VSS（1 脚）：为地电源。

VDD（2 脚）：接＋5V 电源。

V0（3 脚）：为液晶显示器对比度调整端，一般通过电位器调节，1602 偏压接近 0V。

RS（4 脚）：为寄存器选择。当 RS 为高电平（RS=1）时，选择模块内数据寄存器（CGRAM 或 DDRAM）进行读写；当 RS 为低电平（RS=0）时选择指令寄存器进行读写。

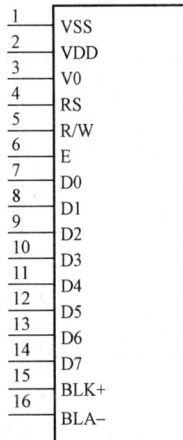

图 6-12　LCM1602 引脚

脚	
1	VSS
2	VDD
3	V0
4	RS
5	R/W
6	E
7	D0
8	D1
9	D2
10	D3
11	D4
12	D5
13	D6
14	D7
15	BLK+
16	BLA-

R/W（5脚）：为读写信号线，高电平（R/W＝1）时进行读操作，低电平（R/W＝0）时进行写操作。当RS和R/W共同为低电平时可以写入指令或者显示地址，当RS为低电平RW为高电平时可以读忙信号，当RS为高电平RW为低电平时可以写入数据。RS和RW的逻辑关系如表6-1所示。

表6-1 RS和RW的逻辑关系

RS	RW	状态
0	0	向CGRAM或DDRAM写入指令
0	1	从CGRAM或DDRAM中读取忙状态
1	0	向CGRAM或DDRAM写数据
1	1	从CGRAM或DDRAM读数据

E（6脚）：为使能端，当E端由高电平跳变成低电平时，液晶模块执行命令。

D0～D7（7～14脚）：为8位双向数据线。

BLK＋（15脚）：背光源正极，接＋5V。

BLA－（16脚）：背光源负极，接地。

注意：不同厂家生产的引脚可能不一样，使用前要注意看厂家提供的资料。

2. 1602字符码表

1602液晶模块内部的字符发生存储器（CGROM）已经存储了160个不同的点阵字符图形，如表6-2所示。

表6-2 1602字符码表

高位 / 低位	0000	0010	0011	0100	0101	0110	0111	1010	1011	1100	1101	1110	1111
×××0000	CGRAM(1)		0	ə	P	\	p		―	夕	三	α	P
×××0001	(2)	!	1	A	Q	a	q	口	ア	チ	ム	ä	q
×××0010	(3)	"	2	B	R	b	r	Γ	イ	川	メ	β	θ
×××0011	(4)	#	3	C	S	c	s	」	ウ	ラ	モ	ε	∞
×××0100	(5)	$	4	D	T	d	t	\	エ	ト	セ	μ	Ω
×××0101	(6)	%	5	E	U	e	u	口	オ	ナ	ユ	B	0
×××0110	(7)	&	6	F	V	f	v	テ	カ	ニ	ヨ	P	Σ
×××0111	(8)	>	7	G	W	g	w	ア	キ	ヌ	ラ	g	π
×××1000	(1)	〈	8	H	X	h	x	イ	ク	ネ	リ	∫	X
×××1001	(2)	〉	9	I	Y	i	y	ウ	ク	ﾉ	ル	−1	y
×××1010	(3)	*	:	J	Z	j	z	エ	コ	リ	レ	j	千
×××1011	(4)	+	;	K	〔	k	〈	オ	サ	ヒ	ロ	x	万
×××1100	(5)	フ	<	L	¥	l			セ	シ	フ	ワ	φ	冂
×××1101	(6)	―	=	M	〕	m		ユ	ス	へ	ソ	モ	÷
×××1110	(7)	.	>	N	.	n	.	ヨ	セ	ホ	ハ	n̄	+
×××1111	(8)	/	?	o	—	o	←	ツ	ソ	マ	ロ	Ö	

这些字符有：阿拉伯数字、英文字母的大小写、常用的符号和日文假名等，每一个字符都有一个固定的代码，比如大写的英文字母"A"的代码是01000001B（41H），显示时模块把地址41H中的点阵字符图形显示出来，我们就能看到字母"A"。

3. 1602液晶模块内部的控制器

1602液晶模块的读写操作、屏幕和光标的操作都是通过指令编程来实现的（说明：1为高电平、0 为低电平），指令表见表 6-3。

表 6-3　　　　　　　　　　　　　　　1602 内部指令

指　令	RS	R/W	D7	D6	D5	D4	D3	D2	D1	D0
清显示	0	0	0	0	0	0	0	0	0	1
光标返回	0	0	0	0	0	0	0	0	1	*
置输入模式	0	0	0	0	0	0	0	1	I/D	S
显示开/关控制	0	0	0	0	0	0	1	D	C	B
光标或字符移位	0	0	0	0	0	1	S/C	R/L	*	*
设置功能	0	0	0	0	1	DL	N	F	*	*
置字符发生存储器地址	0	0	0	1	字符发生存储器地址（AGG）					
设置数据存储器地址	0	0	1	显示数据存储器地址（ADD）						
读取忙标志或地址	0	1	BF	计数器地址（AC）						
写数到 CGRAM 或 DDRAM	1	0	要写的数据							
从 CGRAM 或 DDRAM 中读数	1	1	读出的数据							

说明：

对 1602 进行操作主要有四种，如下：

（1）读状态，RS=L，R/W=H，E=H。输出：D0～D7=状态字。

（2）写指令，RS=L，R/W=L，D0～D7=指令，E=高脉冲。无输出。

（3）读数据，RS=H，R/W=H，E=H。输出：D0～D7=数据。

（4）写数据，RS=H，R/W=L，D0～D7=数据，E=高脉冲。无输出。

第 1 行指令：清显示，指令码 01H，光标复位到地址 00H 位置。

第 2 行指令：光标复位，指令码 02H（或 03H），光标返回到地址 00H。

第 3 行指令：光标和显示模式设置。

　　　　I/D：光标移动方向，高电平右移，低电平左移。

　　　　S：屏幕上所有文字是否左移或者右移。高电平表示有效，低电平则无效。

第 4 行指令：显示开关控制。

　　　　D：控制整体显示的开与关，高电平表示开显示，低电平表示关显示。

　　　　C：控制光标的开与关，高电平表示有光标，低电平表示无光标。

　　　　B：控制光标是否闪烁，高电平闪烁，低电平不闪烁。

第 5 行指令：光标或显示移位。

　　　　S/C：高电平时移动显示的文字，低电平时移动光标。

　　　　R/L：控制显示的字符或光标是左移还是右移。

S/C、R/L 设定情况见表 6-4。

表 6-4　　　　　　　　　　　　　　S/C、R/L 设定情况

S/C	R/L	设定情况
0	0	光标左移 1 格，且 AC 值减 1
0	1	光标右移 1 格，且 AC 值加 1
1	0	显示器上字符全部左移一格，但光标不动
1	1	显示器上字符全部右移一格，但光标不动

第 6 行指令：功能设置命令。

DL：高电平时为4位总线，低电平时为8位总线。

N：低电平时为单行显示，高电平时双行显示。

F：低电平时显示5×7的点阵字符，高电平时显示5×10的点阵字符第7行指令：字符发生器RAM地址设置。

第8行指令：DDRAM地址设置。

第9行指令：读忙信号和光标地址。BF：为忙标志位，高电平表示忙，此时模块不能接收命令或者数据；如果为低电平表示不忙。

第10行指令：写数据。

第11行指令：读数据。

液晶显示模块是一个慢显示器件，所以在执行每条指令之前一定要确认模块的忙标志为低电平，表示不忙，否则此指令失效。要显示字符时要先输入显示字符地址，也就是告诉模块在哪里显示字符，图6-13是DM-162的内部显示地址。

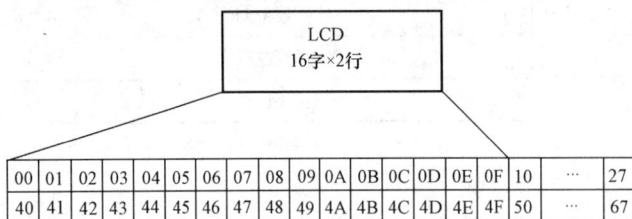

图6-13　DM-162的内部显示地址

图6-13是1602显示RAM缓冲区对应的地址，比如第二行第一个字符的地址是40H，那么是否直接写入40H就可以将光标定位在第二行第一个字符的位置呢？这样不行，因为写入显示地址时要求最高位D7恒定为高电平1，所以实际写入的数据应该是（40H）＋10000000B（80H）＝11000000B（C0H）。

要在对应的位置显示出字符，首先要写入一个设置数据地址的指令码01000000B（80H＋地址），然后紧跟着写入要显示的数据即可。

相关知识 相关知识4　DS18B20的原理及应用

DS18B20数字温度计是DALLAS公司生产的1-Wire（即单总线器件）可以直接读取被测温度的智能型温度传感器。具有线路简单、体积小的特点。因此用它来组成一个测温系统，在一根通信线上，可以挂很多这样的数字温度计，十分方便。

一、DS18B20产品的特点

（1）只要求一个端口即可实现通信。

（2）在DS18B20中的每个器件上都有独一无二的序列号。

（3）实际应用中不需要外部任何元器件即可实现测温。

（4）测量温度范围为−55～＋125℃。

（5）数字温度计的分辨率用户可以从9～12位选择。

（6）对应的转换时间为93.75～750ms，对应精度为0.5～0.0625℃。

（7）内部有温度上、下限告警设置。

（8）内部集成了用于器件寻址的64bit光刻ROM编码。

二、DS18B20的内部结构介绍

DS18B20的内部结构如图6-14所示，主要包括寄生电源电路、64位只读存储器和单线接口、存储器和控制逻辑、存放中间数据的高速暂存存储器、温度传感器、报警上限寄存器TH、报警下限寄存器 TL、配置寄存器和 8 位 CRC（循环冗余校验码）发生器。DS18B20 的 64 位 ROM 包括开始的 8 位产品型号、中间的 48 位序列号和最后 8 位的前 56 位 CRC 校验码，可以保证多 DS18B20 采用同一线通信。

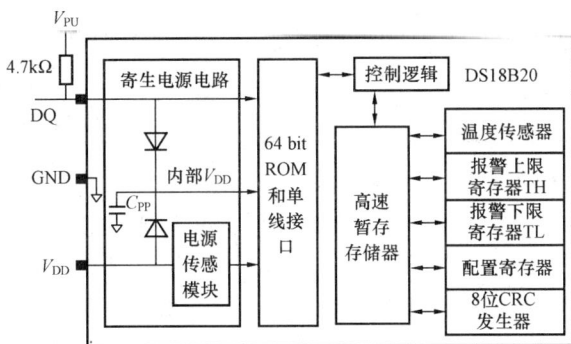

图 6-14   DS18B20 内部结构图

图 6-15 为 DS18B20 的高速暂存存储器，共有 9 个字节内容，分别是测量的温度数据低位和高位、报警温度低位和高位、配置位、三个保留位以及 8 位 CRC 校验位。转换后的温度数据放在前两个字节中，可以设置配置位寄存器选择转换精度。图 6-16 为配置位寄存器，低 5 位一直为 1，TM 是测试模式位，用于设置 DS18B20 在工作模式还是在测试模式。R1 和 R0 用来设定温度转换位数，R1R0：00～11 分别对应 9～12 位精度。图 6-17 为转换后的温度数据，通过单线接口对其读取，低位在前高位在后。最高 5 位是符号位，全为 0 时温度为正，全为 1 时温度为负。

温度低位	温度高位	TH	TL	配置	保留	保留	保留	8位CRC
LSB								MSB

图 6-15   DS18B20 的高速暂存存储器

TM	R1	R0	1	1	1	1	1

图 6-16   配置位寄存器

2^3	2^2	2^1	2^0	2^{-1}	2^{-2}	2^{-3}	2^{-4}
MSB							LSB

S	S	S	S	S	2^6	2^5	2^4
MSB							LSB

图 6-17   转换后的温度数据

三、DS18B20 的引脚介绍

1. DS18B20 的引脚

TO-92 封装的 DS18B20 的引脚排列如图 6-18 所示。

图 6-18   DS18B20 引脚实物图

2. 引脚功能

DS18B20 的引脚功能描述如表 6-5 所示。

表6-5   **DS18B20 详细引脚功能描述**

序号	名称	引 脚 功 能 描 述
1	GND	地信号
2	DQ	数据输入/输出引脚。开漏单总线接口引脚。当被用在寄生电源下，也可以向器件提供电源
3	VDD	可选择的 VDD 引脚。当工作于寄生电源时，此引脚必须接地

四、DS18B20 中的存储器

在 DS18B20 中共有三种存储器，分别是 ROM、RAM、EEPROM，每种存储器都有其特定的功能。

与 1-Wire 总线相关的命令分为 ROM 功能命令和器件功能命令两种，ROM 功能命令具有通用性，不仅适用于 DS18B20 也适用于其他具有 1-Wire 总线接口的器件，主要用于器件的识别与寻址；器件功能命令具有专用性，它们与器件的具体功能紧密相关。下面分别介绍。

1. ROM 命令功能命令

在 DS18B20 内部光刻了一个长度为 64bit 的 ROM 编码，这个编码是器件的身份识别标志。当总线上挂接着多个 DS18B20 时可以通过 ROM 编码对特定器件进行操作。ROM 功能命令是针对器件的 ROM 编码进行操作的命令，共有 5 个，长度均为 8bit（1Byte）。

（1）读 ROM（33H）。当挂接在总线上的 1-Wire 总线器件接收到此命令时，会在主机读操作的配合下将自身的 ROM 编码按由低位到高位的顺序依次发送给主机。总线上挂接有多个 DS18B20 时，此命令会使所有器件同时向主机传送自身的 ROM 编码，这将导致数据的冲突。

（2）匹配 ROM（55H）。主机在发送完此命令后，必须紧接着发送一个 64bit 的 ROM 编码，与此 ROM 编码匹配的从器件会响应主机的后续命令，而其他从器件则处于等待状态。该命令主要用于选择总线上的特定器件进行访问。

（3）跳过 ROM（CCH）。发送此命令后，主机不必提供 ROM 编码即可对从器件进行访问。与读 ROM 命令类似，该命令同样只适用于单节点的 1-Wire 总线系统，当总线上有多个器件挂接时会引起数据的冲突。

（4）查找 ROM（F0H）。当主机不知道总线上器件的 ROM 编码时，可以使用此命令并配合特定的算法查找出总线上从器件的数量和各个从器件的 ROM 编码。

（5）报警查找（ECH）。此命令用于查找总线上满足报警条件的 DS18B20，通过报警查找命令并配合特定的查找算法，可以查找出总线上满足报警条件的器件数目和各个器件的 ROM 编码。

2. 器件功能命令

器件功能命令具有专用性，它们与器件的具体功能紧密相关。下面是 DS18B20 的器件功能命令。

（1）启动温度转换（44H）。该命令发送完成后，主机可以通过调用 Readbit（）函数判断温度转换是否完成，若 Readbit（）的返回值为 0 则表示转换正在进行，若 Readbit（）的返回值为 1 则表示转换完成。

（2）读 RAM（BEH）。该命令发送完成后，主机可以通过调用 Readbit（）函数将 DS18B20 中 RAM 的内容从低位到高位依次读出。

（3）写 RAM（4EH）。该命令发出后，主机随后写入 1-Wire 总线的 3 字节将依次被存储到 DS18B20 的报警上限、报警下限和配置寄存器中。

（4）复制 RAM（48H）。该命令会将 DS18B20 的报警上限、报警下限和配置寄存器中的内容复制到 EEPROM 中。该命令发出后，主机可以通过调用 Readbit0 函数判断复制操作是否完成，若 Readbit（）的返回值为 1，刚表示复制操作完成。

（5）回读 EEPROM（B8H）。该命令会将存储在 EEPROM 中的报警上限、报警下限和配置寄存器的内容回读到 RAM 中，主机可以通过调用 Readbit（）函数判断回读操作是否完成，若 Readbit（）的返回值为 1 则表示回读操作完成。DS18B20 在电时会自动进行一次回读操作。

五、DS18B20 的使用方法

由于 DS18B20 采用的是 1-Wire 总线协议方式，即在一根数据线实现数据的双向传输，而对 AT89S51 单片机来说，硬件上并不支持单总线协议，因此，我们必须采用软件的方法来模拟单总线的协议时序来完成对 DS18B20 芯片的访问。

由于 DS18B20 是在一根 I/O 线上读写数据，因此，对读写的数据位有着严格的时序要求。DS18B20 有严格的通信协议来保证各位数据传输的正确性和完整性。该协议定义了几种信号的时序：初始化时序、读时序、写时序。所有时序都是将主机作为主设备，单总线器件作为从设备。而每一次命令和数据的传输都是从主机主动启动写时序开始，如果要求单总线器件回送数据，在进行写命令后，主机需启动读时序完成数据接收。数据和命令的传输都是低位在先。

1.1-Wire 总线的复位

复位是 1-Wire 总线通信中最为重要的一种操作，在每次总线通信之前主机必须首先发送复位信号。

（1）DS18B20 的复位时序。复位时序图如图 6-19 所示。

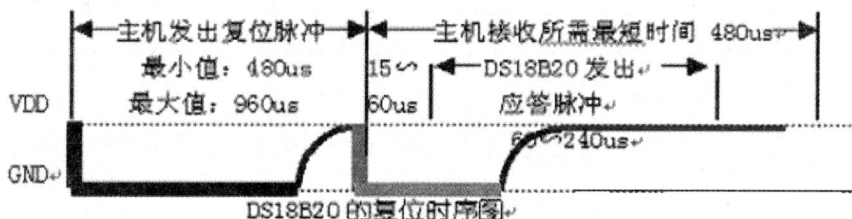

图 6-19　DS18B20 复位时序图

（2）DS18B20 的复位操作。如下面的程序所示，产生复位信号时主机首先将总线拉低 480～960μs 然后释放，由于上拉电阻的存在，此时总线变为高电平。1-Wire 总线器件在接收到有效跳变的 15～60μs 内会将总线拉低 60～240μs，在此期间主机可以通过对 DQ 采样来判断是否有从器件挂接在当前总线上。函数 Reset（）的返回值为 0 表示有器件挂接在总线上，返回值为 1 表示没有器件挂接在总线上。

程序：总线复位

```
uchar Reset(void)
{
    uchar tdq;
    DQ = 0;             //主机拉低总线
    delay480μs();       //等待 480μs
    DQ = 1;             //主机释放总线
    delay60μs();        //等待 60μs
    tdq = DQ;           //主机对总线采样
    delay480 s();       //等待复位结束
```

```
        return tdq;        //返回采样值
    }
```

2. 1-Wire 总线的读操作

(1) DS18B20 的读时序。对于 DS18B20 的读时序分为读 0 时序和读 1 时序两个过程,如图 6-20 所示。

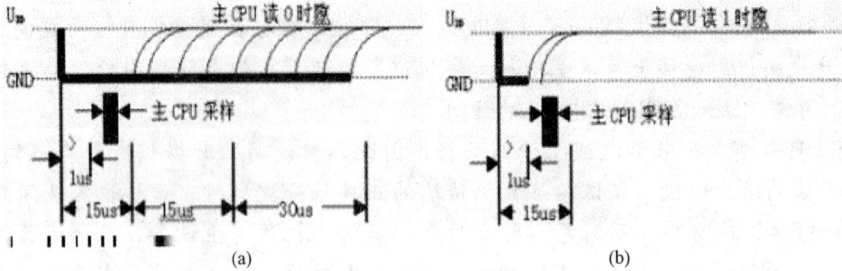

图 6-20　DS18B20 读时序图
(a) 读 0 时序;(b) 读 1 时序

(2) DS18B20 1-Wire 总线的读操作。主机对 1-Wire 总线的读操作只能逐位进行,连续读 8 次,即可读入主机一个字节。从 1～Wire 总线读取 1bit 同样至少需要 60μs,同时也要保证两次连续的读操作间隔 1μs 以上。如下列程序所示,从总线读数据时,主机首先拉低总线 1μs 以上然后释放,在释放总线后的 1～15μs 内主机对总线的采样值即为读取到的数据。

程序:从总线读 lbit

```
    uchar Readbit()
    {
        uchar tdq;
        _ nop _ ();        //保证两次连续写操作间隔 1μs
        DQ = 0;
        _ nop _ ();        //保证拉低总线的时间不少于 1μs
        DQ = 1;
        _ nop _ ();
        tdq = DQ;          //主机对总线采样
        delay60μs();       //等待读操作结束
        return tdq;        //返回读取到的数据
    }
```

3. 1-Wire 总线的写操作

对于 DS18B20 的写时序仍然分为写 0 时序和写 1 时序两个过程,如图 6-21 所示。

与读操作类似,由于只有一条 I/O 线,主机 1-Wire 总线的写操作只能逐位进行,连续写 8 次即可写入总线一个字节。如下列程序所示,当 MCS-51 单片机的时钟频率为 12MHz 时,程序中的语句 _ nop _ ();可以产生 1μs 的延时,向 1-Wire 总线写 1bit 至少需要 60μs,同时还要保证两次连续的写操作有 1μs 以上的间隔。若待写位 wbit 为 0 则主机拉低总线 60μs 然后释放,写 0 操作完成。若待写位 wbit 为 1,则主机拉低总线并在 1～15μs 内释放,然后等待 60μs,写 1 操作完成。

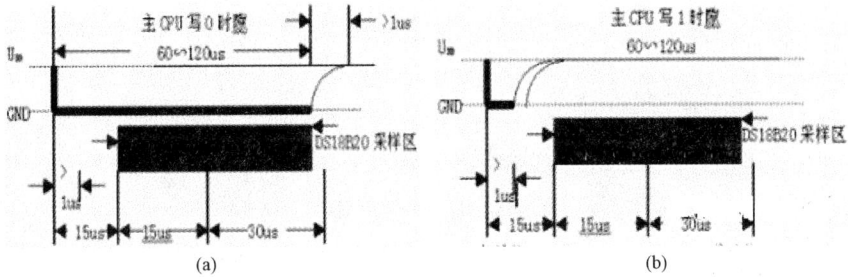

图 6-21　DS18B20 写时序图

(a) 写 0 时序；(b) 写 1 时序

程序：向总线写 1bit

```
void Writebit(uchar wbit)
{
    _ nop _ ();         //保证两次写操作间隔 1μs 以上
    DQ = 0;
    _ nop _ ();         //保证主机拉低总线 1μs 以上
    if(wbit)
    {                   //向总线写 1
        DQ = 1;
        delay60 s();
    }
    else
    {                   //向总线写 0
        delay60 s();
        DQ = 0;
    }
}
```

巩固与提高

(1) 在项目六中添加下面功能：

1) 设置温度的上限和下限值。

2) 当测试温度超过上限或下限时就报警。

(2) 设计一个用 LCD 显示的数字密码锁。